a MATEMÁTICA
e os PROFESSORES *dos anos iniciais*

Biblioteca aula
MUSA EDUCAÇÃO MATEMÁTICA
Volume 2
Direção: Dario Fiorentini (FE/Unicamp)

Conselho Editorial
Dario Fiorentini (FE/Unicamp) [diretor]
Adair Mendes Nacarato (Universidade de São Francisco)
Antonio Miguel (FE/Unicamp)
Célia Maria Carolina Pires (PUC-SP)
Rosana Giaretta Sguerra Miskulin (Unesp/RC)
Vinício de Macedo Santos (FE/USP)

Edda Curi

a MATEMÁTICA
e os PROFESSORES *dos anos iniciais*

Uma análise dos conhecimentos para ensinar
MATEMÁTICA e das crenças e atitudes
que interferem na constituição desses conhecimentos

Raquel Matsushita [capa e projeto gráfico]
Ana Basaglia [diagramação]
Maria Luíza Favret [revisão]

Dados Internacionais de Catalogação na Publicação (CIP)
(Câmara Brasileira do Livro, SP, Brasil)

Curi, Edda
    A matemática e os professores dos anos iniciais / Edda Curi. – São Paulo : Musa
Editora, 2005. – (Biblioteca aula Musa educação matemática ; v. 2)

    Bibliografia.
    ISBN 85-85653-83-3

    1. Matemática - Estudo e ensino 2. Professores de matemática - Formação
3. Professores - Formação profissional I. Título. II. Série.

05-8474   CDD-370.71

Índices para catálogo sistemático:
1. Professores de matemática : Formação continuada : Educação   370.71
2. Professores de matemática : Formação profissional : Educação   370.71

Todos os direitos reservados.

Musa Editora Ltda.
Rua Cardoso de Almeida 985
05013-001 São Paulo SP
Tel/fax (5511) 3862 2586 / 3871 5580
musaeditora@uol.com.br
musacomercial@uol.com.br
www.musaambulante.com.br

*Haverá uma parte da formação inicial em
Matemática que é sobre Matemática e não apenas
sobre como ensiná-la e que "para um futuro professor"
poderá ser muito importante na relação que
ele estabelece enquanto aluno (...)*

Paulo Abrantes, em comunicação pessoal para Eduardo Veloso
(Abril, 2003)

Apresentação

É uma grande alegria fazer a apresentação do livro *A matemática e os professores dos anos iniciais*, de autoria de Edda Curi. Minha satisfação é motivada pelo fato de ser escrito por uma professora que conheci, em 1987, numa escola pública estadual em que trabalhamos juntas e começamos a compartilhar o desejo de fazer uma educação matemática interessante para os alunos daquela escola. Eu era diretora, Edda dava aula para turmas de 5ª a 8ª série, mas participava das reuniões de estudo que fazíamos juntamente com os professores de 1ª a 4ª série para refletir sobre os problemas do ensino de matemática nesses anos iniciais do Ensino Fundamental. Desde essa época, acompanhei a trajetória de Edda que levou sua experiência de professora da Educação Básica para a atuação como professora do Ensino Superior e, especialmente, como formadora de professores em cursos de licenciatura ou em ações de formação continuadas em diversos projetos que envolviam professores da rede pública. Orientei a dissertação de mestrado de Edda, intitulada "Formação de professores de Matemática: realidade presente e perspectivas futuras" e concluída em 2000. Na seqüência, tive o prazer de orientar a tese de doutorado, em que Edda faz um estudo focalizando a formação de professores polivalentes e analisa os conhecimentos importantes para ensinar Matemática e também crenças e atitudes que interferem na constituição desses conhecimentos, trabalho concluído em 2004. Desde o dia da defesa, a partir de uma recomendação da banca, aguardávamos a publicação do trabalho por julgarmos que ele traz contribuições efetivas para os cursos de formação inicial e continuada de professores polivalentes, num momento em que há um movimento de reorientações curriculares nas instituições formadoras. O segundo motivo de satisfação é o de ver a inserção de uma "professora" no universo da pesquisa, trazendo contribuição importante para a ampliação das investigações sobre a formação de professores na perspectiva da Educação Matemática, área em que ainda não temos uma produção considerável.

Analisando os cursos de formação de professores polivalentes no Brasil, ao longo de sua história, em termos da preparação para ensinar Matemática, Edda nos faz reconstituir aspectos dessa trajetória, evidenciando que uma das marcas das propostas de formação, ou seja, a apresentação de modelos de atividades, pouco contribuíram para a construção de um conhecimento profissional dinâmico e contextualizado, para ensinar Matemática. Nesse tipo de formação pontos fundamentais eram silenciados como, por exemplo, interesses, necessidades, estilos de aprendizagem e eventuais dificuldades que os alunos manifestassem.

Mesmo com o avanço das investigações e a produção de conhecimentos sobre aprendizagem e ensino, o fato é que ainda há fortes resquícios dessas práticas na formação inicial e continuada de professores. Outro problema é o de que a formação do professor polivalente é ainda muito generalista e pouco preocupada com o que se refere às especificidades das diferentes áreas de conhecimento que vai aplicar com seus alunos. No caso da Matemática, Edda traz reflexões interessantes sobre a formação de professores polivalentes no Brasil, apoiando-se no fenômeno descrito por Shulman (1992) como "paradigma perdido". Edda analisa um caso particular de curso de formação de professores polivalentes e procura identificar alguns impactos dessa formação, ao mesmo tempo que busca trazer à tona crenças e atitudes relativas à Matemática e seu ensino, por meio de relatos de doze professoras cursistas.

O ponto alto do trabalho de Edda, no meu entender, está na análise dos dados coletados em que a autora revela uma compreensão profunda a propósito da complexa rede de conhecimentos que um professor, no caso polivalente, precisa construir ao longo de sua formação, complexidade essa sintetizada por Fiorentini (1999): um saber reflexivo, plural e complexo, contextual, afetivo e cultural que forma uma teia de saberes, mais ou menos coerentes, imbricados de saberes científicos e saberes práticos. Também em relação a crenças, valores e atitudes; a autora destaca algumas ainda muito freqüentes e que têm grande interferência na formação de professores, como a idéia de que a aprendizagem matemática pode ser assegurada desde que se garanta a atenção, a memorização, a fixação de conteúdos e o treino procedimental, o que pode ser feito por meio de atividades mecânicas e repetitivas, num processo acumulativo de apropriação de informações previamente selecionadas e hierarquizadas.

Uma grande expectativa para esta publicação é a de que ela possa ser discutida com os seus principais protagonistas: formadores de professores polivalentes e os próprios professores polivalentes. Lembro de Zeichner (1992), um dos autores que destaca que a maior parte dos professores não procura a pesquisa acadêmica para "instruir ou melhorar suas práticas". Ele levanta a hipótese de que, geralmente, o conhecimento gerado por meio da pesquisa educacional acadêmica é apresentado de uma tal forma que não leva os professores nela a se engajarem intelectualmente.

Zeichner pondera que os resultados das pesquisas são apresentados como definitivos e inquestionáveis e que há uma maneira negativa de descrever a atuação dos professores. Muito provavelmente, por essas razões, os professores não se aproximam das pesquisas acadêmicas. Concluo desejando que o trabalho de Edda e de outros pesquisadores contribuam para a superação dessa linha divisória entre professores e pesquisadores, na medida em que pesquisadores revelem um maior compromisso em realizar ampla discussão sobre o significado e a relevância das pesquisas que estão sendo desenvolvidas, estimulem a colaboração dos professores nas pesquisas e, por outro lado, estimulem a divulgação de investigações feitas por professores.

São Paulo, 7 de novembro de 2005

Célia Maria Carolino Pires

Sumário

15 *Apresentação*

(capítulo 1) **Pesquisas sobre o conhecimento do professor**

19 Introdução

21 O conhecimento do professor sob a ótica das pesquisas em Educação Matemática

23 Pesquisas que investigam o conhecimento do professor em áreas de conhecimento específicas

25 Estudos que tomam Shulman como referência

27 Investigações que focalizam o conhecimento do conteúdo da disciplina 'Matemática'

29 Investigações que focalizam o conhecimento didático do conteúdo da disciplina 'Matemática'

30 Investigações que focalizam o conhecimento do currículo da disciplina 'Matemática'

31 Estudos sobre as relações entre os conhecimentos do professor e suas crenças e concepções

33 Educadores matemáticos e seus estudos sobre crenças, concepções e atitudes de professores que ensinam Matemática

36 Considerações finais

(capítulo 2) **A formação de professores polivalentes no sistema educativo brasileiro: trajetória e quadro atual**

39 Introdução

40 A formação para ensinar Matemática oferecida no Curso Normal e a influência da Psicologia da Educação

48 A influência da Psicologia nos cursos de Formação de Professores e o denominado 'paradigma perdido'

53 A formação para ensinar Matemática sob a vigência da LDBEN 5.692/71 no Centro Específico de Formação e Aperfeiçoamento do Magistério – CEFAM e nos cursos de Pedagogia

56 A formação oferecida nos CEFAM

58 A formação nos cursos de Pedagogia

58 A formação para ensinar Matemática a partir da LDBEN 9.394/96

61 A formação nos cursos de Pedagogia no momento atual
62 Conhecimentos sobre conteúdos matemáticos em cursos de Pedagogia
63 Conhecimentos didáticos dos conteúdos matemáticos em cursos de Pedagogia
66 Conhecimentos referentes à organização curricular para o ensino de Matemática na educação infantil e nos anos iniciais do Ensino Fundamental trabalhados no curso de Pedagogia
66 A formação de Cursos Normais superiores no momento atual
69 Considerações finais

(capítulo 3) A análise da formação matemática num curso de formação de professores polivalentes
71 Introdução
72 A finalidade do Pojeto PEC – Universitário
73 A estrutura do PEC – Universitário
75 O Grupo de Trabalho de Matemática e sua atuação no PEC – Formação Universitária
75 Descrição do Material do Tema 5 – Matemática
90 Uma análise das propostas e do material de Matemática do PEC – Universitário à luz de resultados de investigações e teorias sobre a formação de professores

(capítulo 4) Crenças e atitudes das alunas-professoras reveladas em suas produções
97 Introdução
100 A influência do que pensavam a respeito de si mesmas como estudantes de Matemática na escolha profissional
104 A influência da Matemática que estudaram na seleção e organização de conteúdos que ensinam
108 A influência do que pensavam a respeito de si mesmas como 'boas ou más resolvedoras de problemas e sua atuação na prática profissional
111 A percepção de que a Matemática que aprenderam não servia para nada e o desejo de torná-la útil e prazerosa para seus alunos
113 Considerações finais

(capítulo 5) Investigando impactos de uma formação relativos aos conhecimentos da disciplina para ensiná-la
117 Introdução
118 Observações decorrentes das reuniões iniciais
122 As alunas-professoras e os conhecimentos sobre conteúdos matemáticos
129 As alunas-professoras e os conhecimentos didáticos dos conteúdos matemáticos

142 As alunas-professoras e os conhecimentos do currículo de Matemática dos anos iniciais do Ensino Fundamental

144 Considerações finais

(capítulo 6) **Reflexões e recomendações**

147 Introdução

147 O conhecimento do professor polivalente e os conhecimentos para ensinar Matemática: as indicações das pesquisas e nossas reflexões

150 Os cursos de formação de professores e a formação desse profissional para ensinar Matemática

155 Algumas observações gerais sobre a formação de professores polivalentes pesquisada

158 As alunas-professoras revelando em seus textos e em seus depoimentos orais os impactos da formação

160 Algumas recomendações para os cursos de formação de professores polivalentes

163 Algumas recomendações aos pesquisadores em Educação e em Educação Matemática

164 Considerações finais

167 *Referências bibliográficas*

Apresentação

O propósito deste livro* é trazer contribuições para a reflexão sobre a formação de professores polivalentes, no que se refere à formação para ensinar Matemática aos alunos dos quatro anos iniciais do Ensino Fundamental, levando em conta a necessidade de incorporar novos elementos à discussão sobre formação de professores polivalentes e também a percepção de que as propostas de formação desses professores historicamente não têm sido adequadas, no que se refere à formação para ensinar Matemática.

Nossa opção foi investigar e examinar conhecimentos para ensinar a disciplina, bem como as crenças e atitudes que intervêm na formação de professores polivalentes. Para essa escolha, concorreram o levantamento de pesquisas sobre a formação inicial de professores que ensinam Matemática, especialmente os polivalentes, e a análise da legislação que ora regulamenta a formação inicial desses professores.

A pesquisa de campo foi realizada no segundo semestre do ano de 2002. Efetuamos entrevistas semi-estruturadas com doze alunas-professoras que já tinham realizado um curso de magistério em nível médio e participavam de uma formação em nível superior. Gravamos entrevistas em fita cassete, que depois foram transcritas e organizadas por sessão de gravação. Fizemos uma primeira leitura do material com o objetivo de identificar critérios para categorizar os assuntos que eram relevantes para nossa investigação. Examinamos também o *portfolio* dessas alunas, narrativas elaboradas por elas com base nas memórias do tempo de estudante, relatórios sobre atividades propostas executadas com seus alunos, reflexões sobre os textos apresentados no material.

A escolha dos procedimentos metodológicos para a pesquisa de campo, como a utilização de entrevistas e a análise de memórias e do *portfolio*, nos permitiu compreender mais nitidamente as proposições de autores como Connely e Clandinin (1995) que colocam em evidência a importância da construção e a reconstrução de histórias pessoais e sociais, em que os professores e alunos são narradores e personagens das suas próprias histórias e das de outros, e de autores como Elbaz (1991), que defende a

---

* Este livro é originário da tese apresentada para a obtenção do grau de Doutor em Educação Matemática pela Pontifícia Universidade Católica de São Paulo, em agosto de 2004, sob a orientação da professora Doutora Célia Maria Carolino Pires.

idéia de que o conhecimento do professor se ordena em histórias, e são estas a melhor forma de compreendê-lo.

O primeiro capítulo deste livro destina-se à revisão da literatura mais recente sobre formação de professores, enfatizando dados que as investigações já existentes revelam sobre o conhecimento do professor, em particular, o que revelam, na área de Educação Matemática, sobre os conhecimentos do professor polivalente para ensinar Matemática.

Esse capítulo evidencia uma forte presença de investigações e teorias sobre formação de professores. No campo internacional, pesquisadores como Perrenoud (1999, 2003), Schön (1992, 2000), Nóvoa (1992), Shulman (1986, 1987, 1992), Tardif (2002) divulgam seus estudos e formulam teorias sobre a formação inicial e continuada de professores. No entanto, investigações de Oliveira e Ponte (1996) revelam que, de modo geral, há poucas pesquisas sobre os conhecimentos matemáticos dos professores para ensinar Matemática.

No Brasil, registra-se a produção de pesquisas sobre formação de professores, incluindo as de natureza mais geral e as desenvolvidas por áreas específicas; estudos como os realizados por Fiorentini et al. (2003) mostram que ainda é reduzido o número de investigações efetivadas por educadores matemáticos brasileiros que envolvem a formação inicial de professores para ensinar Matemática nos anos iniciais do Ensino Fundamental.

A análise realizada neste capítulo permitiu a tomada de decisões sobre a fundamentação teórica de nossa pesquisa. A delimitação do problema de pesquisa e a formulação das questões a serem investigadas nos levaram a adotar Shulman (1986, 1987, 1992) e Gómez-Chacón (2002) como fundamentação teórica principal. Evidentemente, alguns resultados de pesquisas e teorias formuladas por outros autores foram utilizados.

Após a realização de pesquisa bibliográfica, fizemos uma pesquisa documental apresentada no Capítulo 2. Analisamos documentos legais que orientaram os cursos de formação de professores polivalentes no Brasil e organizamos os resultados dessa investigação em três períodos: do funcionamento do primeiro Curso Normal (1835) à sua extinção; da promulgação da LDBEN 5.692/71 até a publicação da LDBEN 9.394/96; da promulgação da LDBEN 9.394/96 ao momento atual. Esse estudo teve como objetivo investigar como (e se) os cursos de formação dos professores polivalentes, ao longo de sua história, contemplaram e trataram a formação desse profissional para ensinar Matemática. Para uma caracterização dos cursos em cada período, levamos em conta não apenas os documentos oficiais, mas também os manuais didáticos que eram utilizados.

Para ampliar nossas fontes de informação a respeito da situação atual dos cursos de formação de professores polivalentes, recorremos à consulta de grades e ementas de algumas instituições formadoras que as disponibilizam na Internet, o que nos possibilitou configurar um panorama geral da situação atual desses cursos.

No entanto, como as questões de pesquisa que havíamos formulado iam além da análise do panorama mais global da formação de professores polivalentes, era necessário o desenvolvimento de uma pesquisa de campo para estudar uma formação particular e seus impactos. Optamos por analisar um curso integrante de um programa especial de formação de professores no Estado de São Paulo, no decurso dos anos de 2001 e 2002, denominado PEC – Formação Universitária, em que tivemos uma participação compartilhada com muitos outros formadores.

Essa escolha deu-se pelo fato de o PEC Universitário ter sido concebido e executado com a contribuição de muitas pessoas, provavelmente com visões diversas sobre a formação de professores, e pela possibilidade de acesso a documentos relativos ao projeto e de realização de entrevistas com alunos-professores que dele participaram, além da oportunidade de coletar produções escritas elaboradas por eles e de analisar *portfolios* organizados ao longo do curso. Esse curso de formação organizado pela Secretaria de Estado de Educação de São Paulo, em parceria com a Universidade de São Paulo – USP, a Universidade Estadual Paulista Júlio de Mesquita Filho – Unesp e a Pontifícia Universidade Católica de São Paulo – PUC-SP, visava à formação, em nível superior, de sete mil professores em atuação na rede pública estadual.

Consideramos que o material de Matemática produzido para o PEC – Formação Universitária traz contribuições importantes na medida em que procura tematizar o conhecimento da Matemática, levando em conta a perspectiva de quem vai ensiná-la, destacando as finalidades do seu ensino e as vinculações necessárias e possíveis entre a Matemática a ser tratada na sala de aula e as situações enfrentadas no dia-a-dia, que envolvem conhecimentos matemáticos. A análise desse material, realizada com base nos estudos de Shulman (1992) sobre os conhecimentos do professor para ensinar uma determinada disciplina, encontra-se no Capítulo 3 deste livro.

Os resultados de nossa pesquisa de campo encontram-se nos Capítulos 4 e 5 deste livro. O Capítulo 4 destina-se à apresentação do estudo sobre crenças e atitudes das alunas-professoras que participaram da pesquisa. Esse estudo tomou como referência as pesquisas de Gómez-Chacón (2002) sobre crenças e atitudes de professores de Matemática. Os depoimentos das alunas-professoras nos oportunizaram discutir a influência de crenças e atitudes, consideradas por Gómez-Chacón (2002) parte do conhecimento pertencente ao domínio cognitivo e compostas por elementos afetivos, avaliativos e sociais.

O Capítulo 5 destina-se à apresentação de uma análise dos conhecimentos para ensinar Matemática revelados pelas alunas-professoras participantes da pesquisa. Esse estudo baseou-se nas pesquisas de Shulman (1992) sobre os conhecimentos do professor, considerando as três vertentes propostas por esse autor, quando se refere ao conhecimento da disciplina para ensiná-la: o conhecimento do conteúdo da disciplina, o conhecimento didático do conteúdo da disciplina e o conhecimento do currículo. Essas categorias, embora apareçam imbricadas na ação do professor, desmembradas são uma ferramenta muito útil no processo de seleção e organização de conteúdos a ensinar, tanto os conceituais como os procedimentais e atitudinais. Apontamos a necessidade de aprofundar essa discussão nos cursos de formação de professores polivalentes, em vista do que mostram as ementas propostas que, de forma genérica, focalizam apenas uma dessas vertentes, trazendo prejuízos à formação mais global dos alunos, futuros professores.

O Capítulo 6 apresenta algumas reflexões finais sobre a formação de professores polivalentes para ensinar Matemática destacando algumas recomendações aos pesquisadores em Educação e em Educação Matemática e muitas inquietações que se manifestaram durante a realização de nossa investigação.

O conteúdo de uma comunicação pessoal de Paulo Abrantes a Eduardo Veloso em 2003 – "haverá uma parte da formação inicial em Matemática que é sobre Matemática e não apenas sobre como ensiná-la e que – para um futuro professor – poderá ser muito importante na relação que ele estabelece enquanto aluno" –, aparentemente bastante singelo, retrata muito bem uma das questões, relativas à formação de professores polivalentes, que, a nosso ver, é preciso aprofundar, especialmente no âmbito da comunidade de pesquisadores em Educação Matemática.

Por acreditar que as questões relativas ao processo de formação de professores polivalentes para ensinar Matemática, tanto inicial como continuada, são bastante complexas e necessitam de estudos que possibilitem uma compreensão mais profunda desse processo, esperamos que este livro possa contribuir para a ampliação dos debates sobre esse tema.

(capítulo 1) **PESQUISAS SOBRE O CONHECIMENTO DO PROFESSOR**

Enraizada no que se denominou o paradigma do pensamento do professor, a pesquisa sobre jo aprender a ensinar evoluiu na direção da indagação sobre os processos pelos quais os professores geram conhecimento, além de sobre quais tipos de conhecimento adquirem. (MARCELO, 1998, p. 51).

Introdução

Marcelo (1998) se refere à evolução das pesquisas na direção de indagações sobre os processos pelos quais os professores geram conhecimentos e sobre quais tipos de conhecimentos adquirem. Neste capítulo, vamos apresentar uma síntese realizada a partir do estudo de pesquisas internacionais e nacionais a respeito da formação de professores, buscando destacar aquelas que podem servir de referência ao nosso trabalho de investigação, com professores polivalentes. Inicialmente, destacaremos as investigações das principais características atribuídas ao conhecimento do professor e, na seqüência, focalizaremos as pesquisas que investigam o conhecimento do professor face à disciplina que ele ensina, destacando entre elas as efetuadas por Shulman, particularmente interessantes para nosso estudo Para ampliar o conjunto de referências que subsidiarão nosso trabalho, analisaremos os estudos de Ponte, Serrazina, Blanco, Contreras, Ball, Thompson, García, Sanchez, Pires e Fiorentini.

As investigações sobre formação de professores são bastante variadas no que se refere aos temas que analisam e às metodologias que utilizam. Não obstante, há similaridades nos resultados de investigações e de teorias formuladas, como no que se refere à caracterização do conhecimento do professor.

Para Schön (2000), o conhecimento do professor é tácito, ou seja, é um conhecimento que ele demonstra na execução da ação. Nem sempre os professores conseguem explicitar ou teorizar sobre o que fazem, por que fazem ou como fazem.

Outra característica do conhecimento do professor é que se trata de um conhecimento dinâmico, no sentido de que ele usa diferentes tipos de conhecimento no contexto de sua profissão e de que o constrói e o utiliza em função de seu próprio raciocínio. Schön (1983, 1992, 2000) emprega a expressão 'conhecimento na ação' para referir-se aos tipos de conhecimento que são revelados na execução de ações inteligentes, tanto físicas como mentais. Segundo Schön (2000), o ato de conhecer na ação, característico de profissionais competentes em um campo profissional, não é o mesmo que o conhecimento profissional ensinado nas faculdades. Pode ser uma aplicação desses conhecimentos, pode ser sobreposto a eles e pode não ter a ver com eles.

Perrenoud (1999) refere-se ao conhecimento do professor como um conhecimento na ação. Ele utiliza o termo 'competência como uma capacidade de mobilizar diversos recursos cognitivos para enfrentar um tipo de situação'. Para esse autor, as competências profissionais constroem-se em formação, mas também na ação diária de um professor.

Outro autor que destaca o caráter dinâmico do conhecimento do professor é Tardif. Ele afirma:

> Os saberes dos professores, quando vistos como 'saberes na ação', parecem ser caracterizados pelo uso de raciocínios, de conhecimentos decorrentes dos tipos de ação nos quais o ator está concretamente envolvido juntamente com os alunos (2002, p. 66).

Tardif (2002) também ressalta que os saberes profissionais dos professores são situados, pois são construídos e utilizados em função de uma situação de trabalho particular e ganham sentido nessa situação. Desse modo, trata-se de um conhecimento de natureza situada, ou seja, resultante da cultura e do contexto em que ele adquire seus conhecimentos e da circunstância em que atua.

Tardif (2002) chama a atenção para o fato de que os saberes profissionais não são construídos e utilizados em função de transferência ou generalização, mas estão fortemente ligados a uma situação de trabalho à qual devem atender. O autor afirma que "esse fato leva muitos pesquisadores, como Lave, a se interessar pela cognição situada, pela aprendizagem contextualizada, em que os saberes são construídos pelos atores em função do contexto de trabalho".

O conhecimento do professor é caracterizado ainda pela sua diferença em relação ao conhecimento de um especialista na disciplina e tem um forte componente do 'saber a disciplina para ensiná-la'.

Elbaz (1983) destaca o contexto escolar como parte integrante dos conhecimentos dos professores. Essa faceta do conhecimento dos professores, segundo esse autor, inclui os estilos de aprendizagem dos alunos, os interesses, as necessidades e as dificuldades que os alunos possuem, um repertório de técnicas de ensino e competências de gestão de sala de aula.

Mas há ainda uma característica bastante peculiar do conhecimento do professor destacada por autores como Tardif (2002) e Schön (2000). É que os saberes constituídos pelo futuro professor, em sua trajetória pré-profissional, vão influenciar a sua atuação docente. Os professores passam uma grande parte de seu tempo de formação na escola, local em que irão exercer sua profissão. Isto significa que a formação do professor inicia-se muito antes de freqüentar o curso específico destinado a formá-lo profissionalmente. Segundo Tardif (2002), uma parte importante da competência profissional dos professores tem raízes na sua escolarização pré-profissional, e esse legado da socialização escolar permanece forte e estável por muito tempo.

Essa primeira caracterização global do conhecimento do professor revela a complexidade do processo de formação inicial desse profissional, seja pelo fato de que esse conhecimento está atrelado à sua vivência anterior, como aluno da educação básica, seja porque é um conhecimento referenciado em situações 'concretas' de trabalho. No caso específico da formação inicial de professores polivalentes, que vão estabelecer os primeiros contatos dos alunos com conhecimentos provenientes de várias áreas (como Língua Portuguesa, História, Geografia, Ciências Naturais, Arte, Matemática), à complexidade da formação agregam-se novos desafios, por exemplo, construir competências específicas para trabalhar com essas diferentes áreas de conhecimento.

Em particular, sendo o professor polivalente o responsável pela 'iniciação' das crianças nessa área de conhecimento, pela abordagem de conceitos e procedimentos importantes para a construção de seu pensamento matemático, a sua formação, específica para essa tarefa, é tema de investigação de grande prioridade na área de Educação Matemática.

O conhecimento do professor sob a ótica das pesquisas em Educação Matemática

Pesquisadores da área da Educação Matemática também têm se dedicado ao estudo da complexidade do saber docente, tanto de especialistas como de polivalentes.

Fiorentini (1999) considera o saber docente um saber reflexivo, plural e complexo, contextual, afetivo e cultural, que forma uma teia de saberes, mais ou menos coerentes, imbricados de saberes científicos e saberes práticos.

Serrazina (1999) destaca que o conhecimento do professor é dinâmico e continuamente alterado, durante sua trajetória profissional, pelas interações dele com o ambiente da sala de aula, com os alunos e com experiências profissionais suas e de colegas, o que permite categorizá-lo como um conhecimento de natureza situada.

Em seus estudos, García (2003) revela que o conhecimento do professor depende das situações em que ele é adquirido ou aprendido. A autora enfatiza os estudos de Brown, Collins e Duguid (1989) que definem esse fato como cognição situada. Collins, citado por García (2003, p. 64), considera que "o conhecimento está situado, sendo em parte resultado de uma atividade, do contexto e da cultura nos quais desenvolve-se e é utilizado".

García (2003) defende a existência de uma relação entre o conhecimento matemático do professor e as situações e atividades em que esse conhecimento é usado. Ela afirma que os conhecimentos gerais que o professor tem da Matemática devem ser utilizados na organização e na estruturação de tarefas concretas preparadas para estudantes específicos que, naquele momento, são seus alunos.

Essa relação apontada por García (2003) já havia sido destacada por autores como Llinares, em publicação de 1991. Segundo García (2003), nessa publicação Llinares enfatizava que o conhecimento do professor de Matemática deveria ser contextualizado na aula de Matemática e afirmava que esse saber se manifesta na realização de tarefas profissionais. Em outro estudo, Llinares (1994) aprofundava esse conceito e sustentava que as características do contexto, em que se desenvolve o conhecimento de uma pessoa constituem parte integrante do que ela aprende.

Ponte (1998) também considera que o professor elabora e reelabora constantemente o seu conhecimento, em função do seu contexto de trabalho e das necessidades decorrentes das situações que vai enfrentando.

Em nossa busca por pesquisas sobre formação de professores polivalentes, encontramos investigações como as de Blanco & Contreras, García & Sánchez, Azcárate, publicadas pela Universidade de Extremadura, em 2002, apontando que as crenças que os professores têm com relação à Matemática e seu ensino influenciam na tomada de decisões quando estão em atuação profissional.

Os resultados dessas pesquisas provocam reflexões e trazem grandes desafios aos cursos de formação inicial. De um lado, se os conhecimentos constituídos pelo futuro professor, em sua trajetória pré-profissional, vão influenciar a sua atuação docente, é muito provável que as experiências como aluno de um curso de formação inicial também exerçam influências significativas.

Por outro lado, considerando que os alunos da formação inicial não estão, necessariamente, vivenciando a experiência da docência, seria preciso refletir sobre as formas de constituição de conhecimentos do professor nessa etapa de sua trajetória profissional, levando em conta as características apresentadas pelos autores citados.

Pesquisas que investigam o conhecimento do professor em áreas de conhecimento específicas

A riqueza de elementos existentes nas pesquisas levantadas evidencia o avanço das investigações na formação de professores, tanto na perspectiva da Educação, em sentido amplo, como na perspectiva da Educação Matemática.

Em função das peculiaridades de nossa investigação, destacamos dentre as pesquisas analisadas as realizadas pelo psicólogo e pedagogo americano Lee Shulman. Esse autor é bastante conhecido pelas contribuições que decorreram de suas pesquisas sobre formação de professores.

Segundo Borges (2001), os relatórios dos grupos americanos Holmes (1986) e Carnegie Task Force on Teaching as a Profession (1986) manifestaram o descontentamento geral com a educação americana e, sobretudo, com as faculdades de Educação pela má formação dos futuros professores desenvolvida até aquele momento. A partir dos resultados apresentados nos relatórios desses grupos é que Shulman estudou as pesquisas americanas existentes.

Mesmo tendo terminado seu trabalho de análise das pesquisas, Shulman continuou a desenvolver e aprofundar seus estudos. Borges (2001) considera que os estudos sobre o conhecimento do professor efetivados por Shulman serviram de referência para as reformas educativas americanas durante toda a década de 90. A autora afirma que as realizações desse autor influenciaram não apenas o meio científico acadêmico, mas também o meio político educacional americano.

Shulman (1992) considera que cada área do conhecimento tem uma especificidade própria que justifica a necessidade de estudar o conhecimento do professor tendo em vista a disciplina que ele ensina.

Ele identifica três vertentes no conhecimento do professor quando se refere ao conhecimento da disciplina para ensiná-la:
- o conhecimento do conteúdo da disciplina;
- o conhecimento didático do conteúdo da disciplina;
- o conhecimento do currículo.

Desse modo, o conhecimento do conteúdo da disciplina a ser ensinada envolve sua compreensão e organização. Shulman (1992) destaca que o professor deve compreender a disciplina que vai ensinar a partir de diferentes perspectivas e estabelecer relações entre vários tópicos do conteúdo disciplinar e entre sua disciplina e outras áreas do conhecimento.

A expressão denominada por Shulman (1992) de pedagogical content *knowledge* é traduzida por alguns autores como 'conhecimento pedagógico disciplinar' e por outros como 'conhecimento didático do conteúdo'. Ele entende por pedagogical content *knowledge* uma combinação entre o conhecimento da disciplina e o conhecimento do 'modo de ensinar' e de tornar a disciplina compreensível para o aluno. Ele defende que esse tipo de conhecimento incorpora a visão de conhecimento da disciplina como conhecimento a ser ensinado, incluindo os modos de apresentá-lo e de abordá-lo, de forma que seja compreensível para os alunos, e ainda as concepções, crenças e conhecimentos dos estudantes sobre a disciplina.

> Os estudos longitudinais que realizamos sobre o modo como os professores principiantes aprendem a ensinar áreas disciplinares específicas levaram-me a sustentar a convicção de que os professores desenvolviam uma forma de compreensão e raciocínio, um tipo de conhecimento que indivíduos, mesmo com uma boa formação, geralmente não revelavam. Esse conhecimento científico-pedagógico representava a intersecção entre o conhecimento da disciplina em si mesmo e os princípios gerais da pedagogia preconizados pelos defensores de um ensino eficaz. Porém, esse conhecimento era mais do que uma mera justaposição entre princípios gerais de ensino e compreensão da matéria disciplinar. Uma forma de compreensão emergia das especificidades dos vários domínios disciplinares e dos desafios colocados pela ação de ensinar grupos específicos de alunos em contextos particulares. Essa forma de conhecimento era especificamente pedagógica (Shulman, 1992, p. 56).

A expressão pedagogical content *knowledge* foi traduzida por Alarcão (1996) como 'saber ensinar algo' e se distancia, segundo a autora, da dicotomia entre o saber algo e o saber ensinar algo.

Na opinião de Shulman (1992) o pedagogical content *knowledge* é:

• uma forma de conhecimento característica dos professores que os distingue da maneira de pensar dos especialistas de uma disciplina;
• um conjunto de conhecimentos e capacidades que caracteriza o professor como tal e que inclui aspectos de racionalidade técnica associados a capacidades de improvisação, julgamento, intuição;

• um processo de raciocínio e de ação pedagógica que permite aos professores recorrer aos conhecimentos e compreensão requeridos para ensinar algo num dado contexto, para elaborar planos de ação, mas também para improvisar perante uma situação não prevista.

A propósito do conhecimento do currículo, Shulman (1992) defende que isso engloba a compreensão do programa, mas também o conhecimento de materiais que o professor disponibiliza para ensinar sua disciplina, a capacidade de fazer articulações horizontais e verticais do conteúdo a ser ensinado, a história da evolução curricular do conteúdo a ser ensinado.

Estudos que tomam Shulman como referência

Nas investigações sobre formação de professores, na área de Educação Matemática, é possível identificar um conjunto de pesquisas internacionais que utilizam as vertentes do conhecimento do professor destacadas por Shulman (1986, 1987, 1992).

Um estudo interessante a esse respeito, já citado neste trabalho, é o realizado por dois pesquisadores portugueses, Oliveira e Ponte (1996), que analisaram 76 artigos internacionais publicados em revistas relevantes de Educação Matemática[1], bem como nas atas do PME[2] sobre a formação de professores de Matemática.

Os temas das pesquisas analisadas se referem aos conhecimentos, concepções e desenvolvimento profissional de professores[3]. Eles dividiram esses artigos em dois grandes blocos: os que envolvem o conhecimento profissional do professor e os que incluem o desenvolvimento profissional do professor. Cada categoria foi subdividida em três áreas de investigação que os autores denominam de fundamentos da formação, conhecimento de base e conhecimento de ação e práticas. Esses autores afirmam que o quadro teórico que influenciou, de forma direta ou indireta, a maioria dos estudos que integram a categoria "conhecimento de base" é fruto dos estudos de Shulman (1986, 1987).

---

1 Journal for Research in Mathematics Education (JRME) e Educational Studies in Mathematics (ESM).
2 PME - Psychology of Mathematics Education.
3 Para categorizar os trabalhos, os autores consideraram, no sentido genérico, no grupo do desenvolvimento profissional, todos os trabalhos realizados com professores ou futuros professores em que se pretendia analisar a existência de mudanças provocadas por um processo de formação intencional ou por algum tipo de projeto de inovação. No grupo de conhecimento profissional, os autores categorizam todos os outros tipos de estudos.

Oliveira e Ponte (1996) afirmam que essas investigações mostram que o conhecimento dos professores e futuros professores sobre conceitos matemáticos e sobre a aprendizagem dessa disciplina é muito limitado e, freqüentemente, marcado por sérias incompreensões. Eles concluíram que "parece haver lacunas no conhecimento de base dos professores acerca dos assuntos que ensinam e do modo como eles podem ser aprendidos" (1996, p. 10).

No Brasil, numa pesquisa realizada pela Fundação Carlos Chagas, em 2001, envolvendo 11.826 alunos de 4ª série de diferentes Estados brasileiros, também foram analisados os conhecimentos de 208 professores das classes desses alunos avaliados. Os professores foram organizados em dois grupos e cada professor respondeu a oito questões escolhidas pela Fundação Carlos Chagas dentre as que haviam sido propostas a seus alunos de 4ª série. Os professores também responderam a um conjunto de oito questões gerais sobre o ensino de Matemática e sobre o ensino de conteúdos específicos, além de questões envolvendo o currículo dessa disciplina. Os resultados, analisados com base nas vertentes propostas por Shulman, indicaram a existência de 'lacunas', tanto em termos de conhecimentos matemáticos, envolvidos nas questões propostas, como na área de conhecimentos didáticos e curriculares.

Quanto a conteúdos matemáticos, as questões abordavam situações-problema que envolviam a multiplicação (com a idéia de combinatória), a divisão, a leitura e a interpretação de gráficos, a contagem das faces de um hexaedro regular, os números racionais e as noções de área e de perímetro. A questão que se referia à divisão foi a que teve o menor percentual de acertos (28%); a do cálculo da área de uma praça quadrada apresentou um porcentual de 38% de acertos. No que concerne aos conhecimentos pedagógicos referentes aos conteúdos matemáticos, os professores pesquisados afirmaram que freqüentemente usam aulas expositivas e a resolução de listas de exercícios, preferencialmente com 'pouco texto'. A pesquisa revelou uma tendência empírico-ativista[4] dos professores no discurso do 'concreto' que aparece em muitas de suas respostas. Importante ressaltar que os próprios professores afirmavam que não ensinam geometria por não se sentirem preparados para tal. No tocante aos conhecimentos curriculares, a pesquisa mostrou que a maioria dos

---

4 Segundo Fiorentini (1995), nessa perspectiva, a criança aprende com a manipulação de materiais, com atividades diversificadas, com desenhos ou figuras. O autor afirma que "o ideário empírico ativista parte do pressuposto de que o conhecimento matemático emerge do mundo físico e é descoberto pelo homem através dos sentidos", por isso defende uma metodologia de ensino com "rico material didático e em ambiente estimulante que permita a realização de jogos ou experiências ou contato visual e táctil, com materiais manipulativos" (1995, p. 17).

professores desse grupo não 'nomeava' boa parte do(s) conteúdo(s) matemático(s) presente(s) nas questões. A pesquisa também mostrou um grande desconhecimento das orientações sobre conteúdos e metodologias constantes em documentos curriculares. Os professores demonstraram conhecer melhor o currículo matemático do tempo em que estudaram do que o currículo atual. Eles indicaram com mais freqüência como conteúdos essenciais a serem estudados as quatro operações aritméticas, os problemas, os cálculos, a porcentagem, o mínimo múltiplo comum, o máximo divisor comum, as 'frações'. Não foram registradas indicações de conteúdos referentes a noções de estatística, por exemplo, mesmo tendo sido propostas questões sobre esse tema.

Referenciando-se em Shulman (1986), Sztajn (2002) analisou pesquisas americanas publicadas em revistas científicas na década de 90 e encontrou 42 artigos que discutem os conhecimentos didáticos dos conteúdos matemáticos. Dentre eles, 21 são sobre formação inicial, 14 a respeito da formação continuada e os demais relativos a crenças e concepções e sobre metodologias de trabalho. A autora afirma que alguns aspectos dos conhecimentos didáticos dos conteúdos são contemplados em vários trabalhos investigados, como o conhecimento que o professor tem dos alunos e de seus processos cognitivos, a escolha feita pelo professor de tarefas adequadas para trabalhar determinado conteúdo, a estruturação do conteúdo específico e a relação do professor com ele.

Investigações que focalizam o conhecimento do conteúdo da disciplina 'Matemática'

A pesquisadora americana Ball (1991), estudando o conhecimento que os professores polivalentes têm da Matemática a ser ensinada para as crianças, destacou a importância de o professor possuir conhecimentos 'de e sobre' Matemática. Para ela, o conhecimento da Matemática para ser ensinada envolve o conhecimento de conceitos, proposições e procedimentos matemáticos, o conhecimento da estrutura da Matemática e de relações entre temas matemáticos. Ball (1991) aponta a importância de o professor saber a natureza da Matemática, sua organização interna, compreender os princípios subjacentes aos procedimentos matemáticos e os significados em que se baseiam esses procedimentos, os conhecimentos do fazer Matemática, incluindo a resolução de problemas e o discurso matemático.

Dentre os pesquisadores portugueses, Ponte (1998) destaca que os conhecimentos do professor devem incluir os objetos de ensino, ou seja, os conceitos definidos para a escolaridade na qual ele irá atuar, mas devem ir além, tanto no que se refere à profundidade desses conceitos como à sua historicidade, articulação com outros conhecimentos e tratamento didático, ampliando assim seu conhecimento da área.

Serrazina (2001) e Monteiro (2001) discutem essa questão, focalizando mais especificamente a formação de professores para o 'ciclo inicial da escolaridade básica', correspondente aos quatro anos iniciais do Ensino Fundamental no Brasil. Serrazina (2001) destaca que o conhecimento necessário para ensinar Matemática inclui a compreensão de idéias fundamentais da Matemática e seu papel no mundo atual. Ela ressalta que, tratando-se de professores dos ciclos iniciais, o conhecimento matemático envolve os conceitos e algoritmos das operações, as conexões entre os diferentes procedimentos, os diferentes conjuntos numéricos e a compreensão dos diferentes erros que os alunos fazem.

Para Monteiro (2001), o conhecimento matemático necessário para ensinar deve proporcionar condições ao professor de tratar corretamente, de modo flexível, os assuntos matemáticos com as crianças e de relacionar os diferentes saberes matemáticos, a fim de torná-las capazes de resolver determinada situação. Além disso, o conhecimento da Matemática não pode ser separado de outros temas. Segundo essa autora, é desejável que os professores se apercebam da importância da Matemática e do papel desta disciplina, tanto no desenvolvimento do pensamento e da orientação espacial como na organização de informação.

No quadro de autores espanhóis, Blanco & Contreras (2002) entendem que quando os professores têm poucos conhecimentos matemáticos mostram falta de confiança em situações de ensino; assim, por exemplo, diante das perguntas de seus alunos, dependem de livros didáticos e se apóiam na memória para ensinar.

Ainda na Espanha encontramos investigações que detalham os conteúdos matemáticos que devem fazer parte dos conhecimentos matemáticos dos professores dos anos iniciais. García & Sanchez (2002) e García (2003) entendem que o conhecimento da Matemática envolve a compreensão de conceitos, procedimentos e dos processos de fazer Matemática. Mas elas incluem também o estudo de conceitos e propriedades de números, objetos geométricos, funções e de como podem ser trabalhados – identificar, medir, comparar, localizar, descrever, construir, transformar etc., além dos conceitos e propriedades da Estatística e da Probabilidade e a utilização desses conceitos. As autoras consideram que esses conceitos não podem se desenvolver isoladamente, mas que há necessidade de estabelecer conexões entre eles e de relacioná-los com outros campos do conhecimento. Consideram ainda que conhecer Matemática compreende conhecer ainda o discurso matemático centrado na abstração, na generalização, nos argumentos e nas provas. Isso, segundo as autoras, engloba o uso de demonstrações, o papel das definições, os exemplos e contra-exemplos, as conjecturas e a comunicação de idéias matemáticas. Dentro do discurso matemático, as autoras incorporam os conceitos e procedimentos matemáticos e o desenvolvimento de habilidades como a de resolução de problemas.

No Brasil, alguns pesquisadores têm se preocupado com os conhecimentos matemáticos dos professores e reforçam a idéia da especificidade desses conhecimentos no sentido de quem vai ensinar Matemática.

Pires (2002) considera que, pelas especificidades de sua profissão, o que os professores que ensinam Matemática devem conhecer de Matemática não é equivalente ao que seus alunos irão aprender. Seus conhecimentos devem ir além. Ela afirma que, além de conhecimentos da Matemática, o professor deve possuir conhecimentos sobre a Matemática e considera que os conhecimentos do professor para ensinar devem incluir a compreensão do processo de aprendizagem dos conteúdos pelos alunos. Assevera, ainda, que a proposição de boas situações de aprendizagem depende do conhecimento que o professor tem do conteúdo a ser ensinado.

Investigações que focalizam o conhecimento didático do conteúdo da disciplina 'Matemática'

Para García (2003), o conhecimento didático dos conteúdos matemáticos incorpora a dimensão do conhecimento da Matemática como disciplina a ser ensinada, incluindo a maneira de apresentá-la e de abordá-la, de forma que seja compreensível para as crianças.

Llinares (1994, 1996) afirma que o conhecimento didático dos conteúdos matemáticos é formado pela integração de diferentes aspectos de três domínios do conhecimento do professor de Matemática: conhecimento de Matemática, conhecimento sobre a aprendizagem das noções matemáticas e conhecimento do processo instrutivo. Como conhecimento da Matemática, o autor entende o conhecimento 'de e sobre' a Matemática, o conhecimento 'de e sobre' a atividade matemática, o conhecimento sobre o currículo matemático. Como conhecimento do processo instrutivo, o autor considera o conhecimento sobre o planejamento do ensino, o conhecimento sobre as representações, rotinas e recursos instrucionais, o conhecimento das características das interações e o conhecimento sobre as tarefas acadêmicas.

Oliveira e Ponte (1996) destacam que o conhecimento didático dos conteúdos matemáticos permite ao professor aprofundar as reflexões sobre sua prática, analisar os objetivos de aprendizagem, as tarefas matemáticas a que se propõe realizar, os papéis dele e do aluno durante a realização de uma atividade matemática, o contrato didático e o discurso matemático. Nessa perspectiva, eles consideram que a didática deixa de ser um conhecimento normativo e passa a ser o quadro teórico para análise do processo de ensino, perspectiva essencial para os professores que querem refletir sobre a sua prática.

Pires (2002) considera que o crescimento de pesquisas sobre a aprendizagem e o ensino de Matemática permite atualizar as discussões sobre conhecimentos didáticos de conteúdos de Matemática. A autora salienta que o progresso na produção de conhecimentos sobre conteúdos matemáticos fundamenta uma didática própria para o seu ensino e defende que as investigações centradas no ensino e aprendizagem de Matemática, desenvolvidas no âmbito da Educação Matemática, precisam ser incorporadas à formação de professores, polivalentes e especialistas.

Investigações que focalizam o conhecimento do currículo da disciplina 'Matemática'

Tendo em vista a polissemia do termo 'currículo', destacamos que utilizaremos 'conhecimento do currículo' no sentido apresentado por Shulman, englobando a compreensão do programa, o conhecimento de materiais que o professor disponibiliza para ensinar sua disciplina, a capacidade de fazer articulações horizontais e verticais do conteúdo a ser ensinado, a história da evolução curricular do conteúdo a ser ensinado.

Os pesquisadores portugueses Ponte (1998) e Serrazina (1999) destacam a necessidade de os professores conhecerem o currículo de Matemática do ciclo em que atuam.

Para Llinares (1996), é essencial ao professor o conhecimento do planejamento de ensino, das rotinas e dos recursos didáticos e institucionais e o conhecimento das tarefas a serem realizadas.

Cardeñoso & Azcárate (2002) afirmam que o conhecimento que o professor necessita para ensinar Matemática é aquele que lhe dá autonomia intelectual para analisar propostas de ensino e tomar suas próprias decisões e que, portanto, eles precisam dispor de ferramentas conceituais e procedimentais bem construídas que constituam um sistema de referência ao desempenho do seu trabalho.

Em seus trabalhos, Pires (2002, b) destaca que os estudos sobre o desenvolvimento curricular, as variáveis que intervêm em sua formulação e as mudanças que ocorrem nos currículos de modo geral ainda estão bastante ausentes na formação de professores. Ela avalia que movimentos importantes, como o internacional Matemática Moderna, precisam ser analisados historicamente e do ponto de vista dos impactos decorrentes nas escolas e nas práticas de sala de aula. Da mesma forma, merecem análise acurada as diretrizes veiculadas por documentos oficiais e sua tradução nos livros didáticos. Nessa perspectiva, é fundamental que tanto na formação inicial como na formação continuada de professores sejam abordados temas referentes ao papel da Matemática nos currículos e a formulação de objetivos gerais para seu ensino, que se faça uma abordagem histórica dos movimentos que orientaram os currículos de Matemática, destacando os fundamentos epistemológicos das reformas, que se discutam algumas temáticas específicas, como a resolução de problemas, a modelagem, como formas de organização curricular, os significados de idéias, como as de currículos em espiral e em rede, em contraposição à organização linear.

Estudos sobre as relações entre os conhecimentos do professor e suas crenças e concepções

Além das investigações sobre o conhecimento do professor realizadas por Shulman (1992) ou inspiradas em sua formulação, identificamos no rol de pesquisas que analisamos aquelas que discutem as relações entre os conhecimentos do professor e suas crenças e concepções, em especial as pesquisas sobre crenças, concepções e atitudes de professores de Matemática e a relação com o ensino de Matemática. Em primeiro lugar, chamou nossa atenção a polissemia dos termos 'crenças' e 'concepções' nos trabalhos e a conseqüente necessidade de escolher uma definição para orientar nossas análises.

Verificamos que Rico et a.l (2002) destacam que há grande diversidade de sentido dos termos 'crenças' e 'concepções' nos trabalhos científicos, o que requer uma definição desses termos ao utilizá-los, no sentido de explicitar qual sentido eles apresentarão no texto.

Esses autores definem crenças como Pajares (1992). Para eles, crenças são verdades pessoais indiscutíveis sustentadas por cada um, derivadas da experiência ou da fantasia, que têm uma forte componente afetiva e avaliativa. As crenças se manifestam por meio de declarações verbais ou de ações justificadoras.

Rico et al. (2002), em consonância com Ponte (1994), consideram que concepções são marcos organizadores implícitos de conceitos, com natureza essencialmente cognitiva e que condicionam a forma como afrontamos as tarefas. Concordam com Thompson (1992) que tanto as concepções como as crenças têm uma componente cognitiva e que a diferença entre elas é que as primeiras são mantidas pelas convicções, são consensuais e têm procedimentos para valorizar sua validade, e as segundas, não.

Tardif (2000, 2002) e Schön (2000) estudam a influência dos saberes construídos anteriormente ao ingresso do curso destinado à formação de professores na prática profissional. Esses autores afirmam que os saberes construídos na escolarização básica e no próprio ambiente social e cultural determinam crenças e atitudes que, se não forem modificadas durante o curso de formação para o exercício do magistério, provocarão interferências na atuação profissional dos professores.

Tardif (2002) considera que as crenças e representações que os futuros professores possuem a respeito do ensino têm um estatuto epistemológico. Segundo o autor, elas agem como conhecimentos prévios que calibram as experiências de formação e orientam seus resultados.

Para Tardif (2002, p. 72):

> O professor, em sua atuação profissional, baseia-se em juízos provenientes de tradições escolares que ele interiorizou, em sua experiência vivida, enquanto fonte viva de sentidos a partir da qual o passado lhe possibilita esclarecer o presente e antecipar o futuro.

O autor considera valores, normas, tradições e experiências vividas elementos e critérios a partir dos quais o professor emite juízos profissionais. Ele afirma ainda que, além de preferências (ou de repulsões), o indivíduo dispõe de referências de tempo e de lugar para fixar essas experiências na memória. Tardif (2002) enfatiza que, ao evocar qualidades desejáveis (ou indesejáveis) das quais quer se apropriar (ou evitar) como profissional, o professor se lembrará da personalidade marcante de algum de seus professores, de experiências traumáticas ou positivas etc. Muitas vezes, a maneira de trabalhar dos formadores, ou mesmo de selecionar conteúdos, ou ainda organizar situações didáticas influi, mesmo sem querer, na formação de concepções e atitudes nos futuros professores.

Elbaz (1983) afirma que todas as espécies de conhecimento do professor são integradas e filtradas pelos valores e crenças pessoais, constituindo, assim, um saber que orienta a prática profissional.

Shulman (1992) também se refere às crenças, incluindo-as junto às concepções nos conhecimentos didáticos do conteúdo (*pedagogical content knowledge*).

Educadores matemáticos e seus estudos sobre crenças, concepções e atitudes de professores que ensinam Matemática

A pesquisa sobre as influências das crenças, valores e atitudes sobre a prática dos professores também está presente nos trabalhos da Educação Matemática. Assim, por exemplo, os estudos de Thompson, Ball, Serrazina, Ponte, Gómez-Chacón, Blanco & Contreras trazem elementos para discussão.

Para Thompson (1992), o conhecimento dos professores para ensinar Matemática está muito ligado às crenças e concepções que eles têm sobre a Matemática e seu ensino. Ball (1991) vai mais além e destaca que os pressupostos e crenças do professor interagem com o conhecimento que ele tem da Matemática, influenciando a tomada de decisões e suas ações para ensinar Matemática.

Ponte (1994) e Serrazina (1999) asseveram que, quando os futuros professores chegam às escolas de formação, já vivenciaram uma experiência de muitos anos como alunos e desenvolveram crenças em relação à Matemática e seu ensino. Eles afirmam que há necessidade de refletir sobre essas crenças nas escolas de formação.

Gómez-Chacón (2002) e Blanco & Contreras (2002) também consideram a interferência de crenças nos conhecimentos dos professores. Gómez-Chacón (2002) discute a influência de crenças e atitudes provenientes da formação escolar nos conhecimentos profissionais do professor. Ela vê as crenças como parte do conhecimento pertencente ao domínio cognitivo e entende que são compostas por elementos afetivos, avaliativos e sociais.

Blanco & Contreras (2002) admitem que, como conseqüência de sua experiência escolar, os estudantes vão gerando concepções e crenças em relação à Matemática e seu ensino e aprendizagem e constroem idéias a seu respeito e acerca deles mesmos com relação à Educação Matemática. Afirmam que, se as escolas de formação de professores não trabalharem as crenças dos futuros professores, estas podem se tornar

obstáculos ao desenvolvimento de propostas curriculares mais avançadas do que aquelas que os estudantes para professor vivenciaram em
seu tempo de estudante.

Além de analisar crenças de professores, a autora Gómez-Chacón
(2002) discute também as atitudes de estudantes em cursos de formação
de professores. Entende por atitude uma predisposição avaliativa de decisão, que determina as intenções pessoais e influi no comportamento da
pessoa. A autora considera que a atitude consta de três campos: um cognitivo, que se manifesta nas crenças subjacentes a essa atitude; um afetivo, que se apresenta nos sentimentos de aceitação ou de rejeição de uma
tarefa; e uma atitude intencional, de tendência a um certo tipo de comportamento.

Com relação à Matemática, Gómez-Chacón (2002) distingue duas
categorias: atitude sobre a Matemática e atitude matemática. As atitudes
sobre a Matemática referem-se à valorização e apreciação dessa disciplina e ao interesse por ela e por sua aprendizagem. Nesse caso, predomina
a componente afetiva mais do que a cognitiva e manifesta-se em termos
de interesse, satisfação, curiosidade, valorização. As atitudes matemáticas têm caráter marcadamente cognitivo e se referem ao modo de utilizar
capacidades gerais, como a flexibilidade de pensamento, o espírito crítico,
a objetividade, competências importantes no trabalho em Matemática.
Para que possam ser vistas como atitudes, deve-se levar em conta a dimensão afetiva, que deve caracterizá-las e distinguir entre o que um sujeito é capaz de fazer (capacidade) e o que prefere fazer (atitude).

Gómez-Chacón (2002) entende por afeto local o estado de troca de
sentimentos e reações emocionais durante a resolução de uma atividade
matemática ao longo de uma aula. Ela denomina de afeto global o
resultado das rotas seguidas no indivíduo pelo afeto local e que vão
contribuindo para a construção de estrutura geral do conceito de si
mesmo, ou seja, a crença de que é bom (ou ruim) para resolver problemas, a expectativa de êxito (ou fracasso) perante um problema matemático, a antecipação de um sucesso ou fracasso diante de uma atividade
matemática etc. A autora afirma que o afeto global se desenvolve em
cenários complexos que envolvem a pessoa em seu contexto sociocultu-
ral e sua interação com outras pessoas. É interessante destacar que,
quando fala de cenário, está pondo em jogo um ambiente em tempo
concreto com recursos determinados, ou seja, sempre que as pessoas
colocam-se em jogo em circunstâncias parecidas, elas acabam por se
comportar de modo semelhante porque a isso se predispõe sua aprendizagem individual e social.

Dentre pesquisadores brasileiros que trabalham com a Educação Matemática, Cury (1999) discute os significados dos termos 'concepção' e 'crença'. Ela chama a atenção para o fato de que esses termos muitas vezes têm definições diferentes, até conflitantes. Revela que a revisão dos significados utilizados pelos pesquisadores que trabalham com esses conceitos e as diversas definições encontradas em dicionários a fizeram optar pela utilização do vocábulo 'concepção', e não 'crença', em suas pesquisas. Com relação às concepções de professores de Matemática, Cury (1999, p. 40) sustenta:

Os professores de Matemática concebem a Matemática a partir das experiências que tiveram como alunos e professores, do conhecimento que construíram, das opiniões de seus mestres, enfim das influências socioculturais que sofreram durante suas vidas, influências que vêm sendo construídas passado de geração para geração, a partir das idéias de filósofos que refletiram sobre a Matemática.

E acrescenta:

A essas idéias somam-se todas as opiniões que os professores formam sobre a Matemática como disciplina, sobre seu ensino e aprendizagem, sobre seu papel como professores de Matemática, sobre o aluno como aprendiz, idéias essas nem sempre bem justificadas (CURY, 1999, p. 41).

Ela afirma ainda que um mesmo professor pode ter idéias conflitantes sobre um assunto.

Uma mesma pessoa pode ter idéias conflitantes, pois elas dependem das experiências vividas e das influências sofridas em momentos diferentes. Mais ainda, essas idéias podem entrar em choque na prática docente, exatamente porque o professor pode ter utilizado diferentes filtros para suas próprias experiências (CURY, 1999, p. 41).

Ao fazer um levantamento das pesquisas sobre concepções e crenças de professores de Matemática, Cury (1999) destaca as pesquisas de Santos (1993) e Carvalho (1989). Santos (1993) discute que as crenças de futuros professores das séries iniciais podem ser modificadas quando eles são expostos a problemas desafiadores e destaca que "as crenças permanentes podem ser desafiadas e começam a mudar quando é dada oportunidade aos estudantes de controlarem suas próprias aprendizagens e construírem uma compreensão da Matemática" (1993, p. 34).

Carvalho (1989) realiza um trabalho com professoras das séries iniciais do Ensino Fundamental com o objetivo de analisar as concepções que elas têm sobre a Matemática. Sua pesquisa baseia-se na análise de respostas de 15 professoras para a questão: para você, o que é a Matemática?

Dez anos depois, Cury (1999) retoma os depoimentos das professoras e verifica semelhanças entre as idéias expostas por elas quando entrevistadas por Carvalho (1989) e as pesquisas de Thompson (1984). Nas duas pesquisas, Cury (1999) reconhece a concepção utilitária da Matemática, quando as professoras apontam a Matemática como instrumento para resolver problemas.

Considerações finais

Sistematizando as informações coletadas na literatura analisada, em primeiro lugar, identificamos as características que os pesquisadores conferem ao conhecimento do professor e que, consideramos, podem ser também aplicadas aos professores polivalentes.

Nessa caracterização, o conhecimento do professor é apresentado como um conhecimento dinâmico e contextualizado, um saber que se revela na ação e se situa num dado contexto. A essas idéias soma-se a de que o conhecimento do professor é marcado pela diferença em relação ao conhecimento de um especialista na disciplina e tem um forte componente do 'saber a disciplina para ensiná-la'. Ou seja, além dos conhecimentos sobre a disciplina, integram seu rol de conhecimentos, entre outros, os estilos de aprendizagem dos alunos, os interesses, as necessidades e as dificuldades que os alunos possuem, além de um repertório de técnicas de ensino e competências de gestão de sala de aula.

Outra característica do conhecimento do professor refere-se à influência de sua trajetória pré-profissional em sua atuação docente, o que é especialmente interessante no caso dos conhecimentos para ensinar Matemática às crianças, considerando-se os 'mitos e medos' que costumam estar atrelados à trajetória escolar de grande parte das pessoas. Nesse sentido, são importantes as contribuições das pesquisas sobre concepções e crenças de professores.

Essas características trazem grandes desafios ao processo de formação de professores, em particular dos polivalentes. No entanto, as pesquisas apontam caminhos interessantes, por exemplo, o de que as crenças permanentes podem ser desafiadas e começam a mudar quando é dada oportunidade aos futuros professores de controlar suas próprias aprendizagens e construir uma compreensão da Matemática.

Mas há ainda o desafio da identificação de conhecimentos ligados à disciplina (ou às disciplinas, no caso dos polivalentes), necessários ao professor que vai ensiná-la. Nesse sentido, como pudemos verificar em nosso levantamento de pesquisas já desenvolvidas, as proposições apresentadas por Shulman (1886, 1887, 1992) constituem uma referência importante, tendo influenciado muitos dos estudos analisados.

A consideração das especificidades de cada 'área do conhecimento' com as quais o professor vai trabalhar é certamente um desafio para os programas de formação de professores. Na área de Educação Matemática, as investigações sobre o conhecimento de conteúdos matemáticos, o conhecimento didático desses conteúdos e o conhecimento dos currículos de Matemática relativos aos anos iniciais do Ensino Fundamental têm, a nosso ver, uma forte demanda. Essa demanda configura-se, em primeiro lugar, pelo fato de que os cursos de formação de professores polivalentes, em nosso país, de acordo com documentos como o Parecer CNE/CP 9, de 08.05.2001, que aprova Diretrizes Curriculares Nacionais para a Formação de Professores da Educação Básica, não conferiram destaque aos conhecimentos referentes às áreas de conhecimento em seus projetos curriculares. Esta afirmação será investigada no capítulo que se segue.

(capítulo 2) **A FORMAÇÃO DE PROFESSORES POLIVALENTES NO SISTEMA EDUCATIVO BRASILEIRO: TRAJETÓRIA E QUADRO ATUAL**

Vale insistir que a competência docente não é nata (dom) e neutra, mas sim construída e inserida no tempo e no espaço, o que significa afirmar que ela varia nos diferentes momentos históricos (FUSARI, 1992).

Introdução

Fusari (1992) faz referência à variação do que se compreende por 'competência docente', nos diferentes momentos históricos. Nosso propósito neste capítulo é identificar como, em momentos distintos da história da educação brasileira, a formação de professores polivalentes contemplou a preparação para ensinar Matemática, buscando indícios que nos permitam identificar se eram e como eram tratados os conhecimentos de conteúdos matemáticos, os conhecimentos didáticos desses conteúdos e os conhecimentos relativos aos currículos de Matemática.

Para tanto, estudamos documentos elaborados por órgãos normativos e instituições formadoras, analisamos manuais didáticos e, para ampliar nossas fontes de informação a respeito da situação atual, recorremos à pesquisa de grades e ementas de algumas instituições formadoras de professores polivalentes, que as disponibilizam na Internet.

Para apresentar os resultados desse estudo, o subdividimos em três períodos delimitados por marcos legais, que implicaram mudanças nos cursos de formação de professores polivalentes.

O primeiro período: vai da criação do Curso Normal à sua extinção, por força da LDBEN 5.692/71, que estabeleceu a formação de professores polivalentes nos cursos de habilitação para o magistério em nível de segundo grau (atual nível médio), mas também possibilitava ao graduando dos cursos de Pedagogia fazer opção pela habilitação magistério e lecionar nos anos iniciais do Ensino Fundamental.

O segundo período principia-se com a promulgação da LDBEN 5.692/71 e termina com a publicação da LDBEN 9.394/96 que institui a formação de professores polivalentes em nível superior.

O terceiro período inicia-se com a promulgação da LDBEN 9.394/96, que orienta a formação dos professores polivalentes nos dias atuais.

A formação para ensinar Matemática, oferecida no Curso Normal, e a influência da Psicologia na Educação

A justificativa de uma pesquisa histórica num estudo sobre formação de professores baseia-se em Tardif (2000) que considera que os saberes docentes evoluem com o passar do tempo. O autor afirma que 'os conteúdos que os professores ensinam' e a 'sua maneira de ensinar' evoluem com o tempo e com as mudanças da sociedade. Revela ainda que os conteúdos da Pedagogia e da Didática, assim como as concepções de Aprendizagem e de Ensino dependem intimamente da história da sociedade, de sua cultura, das hierarquias que predominam na educação. Destaca que os saberes disciplinares correspondem aos saberes que a sociedade dispõe e que são integrados nas instituições formadoras, sob a forma de disciplinas. Conclui que esses saberes (como, por exemplo, Matemática) emergem dos grupos produtores de saberes, mas incorporam concepções dos formadores e da própria instituição formadora.

O Curso Normal foi instituído em 15 de outubro de 1827, pela primeira Lei da Educação do Brasil, de cunho nacional. Possuía como finalidade formar professores para atuar nas escolas das Primeiras Letras. No entanto, o primeiro Curso Normal do País foi instalado apenas, sete anos depois, em 1835.

Na lista de pontos destinados aos exames finais da Escola Normal da Província de São Paulo observa-se a preocupação com a caligrafia, com métodos disciplinares, com a moral e os bons costumes dos professores. Não havia nenhuma alusão aos conteúdos matemáticos, embora nas grades curriculares do Curso Normal houvesse as disciplinas de Aritmética e Sistema Métrico.

Tabela 1 - Lista de pontos para os Exames da Escola Normal da Província de São Paulo

I Pedagogia
1. O que seja pedagogia, qual sua matéria e em quantas partes se divide seu estudo;
2. Educação e Instrução;
3. Espécies de Educação;
4. Educação Física;
5. Educação Intelectual;
6. O professor e seus predicados;
7. A escola e suas condições materiais;
8. Mobília e utensílios da escola;

9. Métodos de ensino;

10. Penas e recompensas na escola;

11. Métodos disciplinares na escola;

12. Métodos de leitura.

II Doutrina Cristã

1. O que seja doutrina cristã e de quantas partes consta seu catecismo;

2. Profissão de fé católica;

3. O Credo;

4. Mandamentos da Lei de Deus;

5. Mandamentos da Santíssima Lei da Igreja;

6. Sacramentos da Lei da Graça;

7. Sacramentos em geral;

8. Sacramentos do Batismo;

9. Oração em geral;

10. Oração dominical e outras;

11. Sacramento da Eucaristia;

12. Os pecados e virtudes.

III Caligrafia

1. Letras primitivas e letras derivadas;

2. Formação das letras;

3. Letras maiúsculas e minúsculas e seus usos;

4. Bastardo, bastardinho, cursiva;

5. Modo de aparar a pena;

6. Posição do corpo, modo de pegar a pena, colocação do papel ou do livro;

7. Modos de traçar as letras;

8. Métodos de escrever;

9. Método da letra cursiva;

10. Primeiras lições de escrita;

11. Inclinação das letras;

12. União das letras e espaços entre as palavras, bem com a divisão delas no fim da linha.

Fonte: Monarcha (1999)

Segundo Tanuri (2000), a influência iluminista predominava no ensino da época da monarquia, visando à regulação de condutas, buscando desenvolver comportamentos pessoais e sociais compatíveis com a monarquia instalada.

A autora afirma que os programas dos cursos normais eram rudimentares, não ultrapassando o nível dos conteúdos das Escolas de Primeiras Letras. A formação pedagógica era limitada a uma disciplina denominada Métodos de Ensino, que devido à consagração do ensino mútuo[1] reduzia o preparo profissional do professor à compreensão desse método.

Mas não era preciso nem ao menos freqüentar o curso normal para ser professor. Segundo Monarcha (1999) e Tanuri (2000), se um cidadão 'de bem' exercesse o magistério por dois anos e fosse aprovado em concurso promovido pela Província, se tornaria professor vitalício. Bastava que o professor lesse corretamente, escrevesse com caligrafia satisfatória, efetuasse as quatro operações, mesmo com dificuldades ou com alguns erros, e recitasse de cor as Orações da Igreja, para ser aprovado.

Tanuri (2000), entre outros autores, informa que o livro do Barão Gérando era usado nos cursos normais no período do Império. Esse livro, escrito na França e traduzido no país, discutia temas voltados à formação da personalidade do professor (Tabela 2).

Tabela 2 – Temas de conferência do livro de Barão Gérando

1	Dignidade das funções dos professores de primeiras letras
2	Disposição e qualidades necessárias ao professor de ensino primário
3	Educação nas escolas primárias
4	Educação Física
5	Educação intelectual – como pode o professor de primeiras letras cultivar a atenção, a imaginação e a memória
6	Continuação da matéria antecedente – como pode o professor de primeiras letras formar o juízo e a razão de seus alunos
7	Continuação da matéria antecedente – como pode o professor de primeiras letras cultivar a instrução nas escolas de primeiras letras
8	Continuação da matéria antecedente – como pode o professor de primeiras letras cultivar o método na instrução elementar
9	Educação Moral nas escolas de primeiras letras
10	Continuação da matéria antecedente – como pode inspirar o professor de primeiras letras aos discípulos o sentimento de seus deveres
11	Educação Religiosa – parte que nela deve tomar o professor de primeiras letras
12	Com procede o professor de primeiras letras no ensino dos deveres
13	Como trabalha o professor de primeiras letras para fortificar o caráter dos meninos
14	Algumas molas da educação – hábito e imitação
15	Algumas molas da educação – trabalho e ordem
16	Últimos conselhos aos mestres de primeiras letras

Fonte – Tanuri (2000)

---

1 O ensino mútuo era utilizado na Europa e permitia que um único professor ensinasse a muitos alunos. Até então cada professor ensinava apenas para um aluno.

Tanuri afirma que, mesmo com a predominância da formação voltada ao desenvolvimento da moral e dos bons costumes, as grades curriculares dos Cursos Normais englobavam as disciplinas Aritmética e Geometria. Em 1875 os conteúdos relativos ao Sistema Métrico Decimal foram incluídos na Aritmética.

A influência do Positivismo[2] acarretou mudanças no Curso Normal[3] incorporando disciplinas de cunho científico, aumentando as disciplinas ligadas à Matemática, incluindo Álgebra, Trigonometria e Escrituração Mercantil.

Tabela 3 – Grade Curricular da Escola Normal de São Paulo

Cadeira	Horas de trabalho por semana, 1º e 2º anos
Portuguez	2
Portuguez e História da Língua	2
Francez	2
Latim	2
Inglês	2
Aritmética e Álgebra	1
Geometria e Trigonometria	1
Astronomia	1
Mecânica	1
Física e Química	2
História Natural	2
Astronomia e Fisiologia	1
Geografia	2
História	2
Economia Política e Educação Cívica	1
Pedagogia e Direção de Escola	1
Caligrafia e Desenho	1
Disciplinas	Horas de trabalho por semana, 1º e 2º anos
Escrituração Mercantil	2/2
Economia Doméstica	3/2
Exercícios Militares e Ginástica	2/3
Trabalhos Manuais	2/2
Música	6/6

Fonte: Anuário Estatístico do Estado de São Paulo de 1895

---

2 O positivismo opôs-se às abstrações da teologia e da metafísica. Ideologia e movimento filosófico fundado por Auguste Comte, o positivismo tem como base teórica os três pontos seguintes: (1) todo conhecimento do mundo material decorre dos dados "positivos" da experiência, e é somente a eles que o investigador deve ater-se; (2) existe um âmbito puramente formal, no qual se relacionam as idéias, que é o da lógica pura e da matemática; e (3) todo conhecimento dito "transcendente" – metafísica, teologia e especulação acrítica – que se situa além de qualquer possibilidade de verificação prática, deve ser descartado.

3 Denominação carinhosa dada à Escola Normal da Província de São Paulo após a inauguração de sua nova sede na Praça da República.

A Influência Positivista também se fazia presente nos livros de Matemática que priorizavam o treino de habilidades estritamente técnicas, uma programação extensa centrada em exercícios. Utilizei como critério de escolha dos livros para análise a reprodução dos mesmos em várias edições.

Os livros de Trajano (1880), de Dordal (1901) e de Souza Reis (1919) tinham grande quantidade de exercícios aritméticos, com ênfase nos cálculos com números naturais e racionais na forma fracionária.

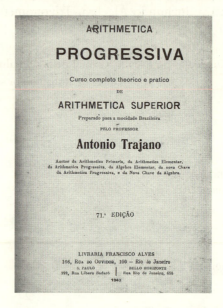

A formação voltada ao trabalho no comércio fazia com que os autores incluíssem proporcionalidade, porcentagem, regra de três e juros tanto nos livros destinados às escolas normais como aos escritos para os alunos dos grupos escolares. Não havia indicações pelos autores desses livros que os mesmos se destinavam ao Curso Normal. Mas encontramos no prefácio da segunda edição do livro *Arithmetica Progressiva* de autoria de Trajano, publicada em 1880, comentários escritos por diversos formadores de cursos normais, o que permite conjecturar que esse livro era usado nesses cursos.

O livro de autoria de Ramom Roca Dordal[4] destacava na capa sua utilização no Curso Normal de São Paulo. O autor chama atenção para a solução dos 2 mil exercícios e dos 1 mil problemas relativos às quatro operações aritméticas com números naturais e racionais, proporção e regra de três.

---
4 Livro catalogado no Acervo da E.E. Caetano de Campos.

Trajano também apresentava respostas e soluções de questões. Os conteúdos matemáticos desenvolvidos nos livros de Trajano eram: Números naturais, racionais, operações, medidas de comprimento, de massa e de capacidade, área, raiz quadrada, proporcionalidade, juros, porcentagens.

Cabe salientar ainda que desde o tempo do Império, autores de livros didáticos apontavam problemas com o ensino de Matemática.

O texto de abertura do livro de Trajano, *Arithmetica Progressiva*, publicado em 1880, apontava problemas relativos ao ensino de Aritmética. Nele o autor afirmava que as pessoas, no geral, sabiam pouca Matemática e que, mesmo as mais inteligentes, não sabiam dispor os termos de uma proporção ou somar frações.

Considerando o grande número de edições dos livros de Trajano (71 edições) e de Souza Reis (54 edições), é possível conjecturar que, por muitos anos, os cursos normais centravam o ensino de Matemática na Aritmética.

A partir do início do século XX constatamos na análise de revistas especializadas uma tendência de destacar as metodologias de ensino. Na coleção denominada *Revista de Ensino*,[5] havia programas de ensino, orientações didáticas para o professor, textos sobre Educação, legislações etc. O critério de escolha dessas publicações foi a presença de textos que discutiam o ensino de Matemática.

---

5 Uma coleção dessas revistas está organizada para consulta no Centro de Referência em Educação Mário Covas. Era publicada pela Associação Beneficente do Professorado Público de São Paulo

Os assuntos matemáticos mais focalizados nessas revisas eram as quatro operações aritméticas com números naturais, 'as frações', alguns tipos de problemas. No entanto, os programas do Curso Primário apresentavam grande quantidade de conteúdos de Geometria.

Tabela 4: Programa de Ensino para os Grupos Escolares

	Aritmética	Geometria
1º ano	Rudimentos das primeiras operações pelos meios concretos, com auxílio de taboinhas ou de tornos de sapateiro. Ler e escrever números e aprender a ler os mapas de números. Uso dos sinais +, -, x , : e =, praticamente em todas as combinações. As quatro operações fundamentais até 100. Cálculo mental. Problemas fáceis. Algarismos romanos.	Esfera, cubo, cilindro, hemisfério, prisma quadrangular e triangular, estudos quanto à superfície, às faces, quinas ou linhas, aos cantos ou ângulos.
2º ano	As quatro operações até 1000, inclusive conhecimentos de 1/2, 1/3, 1/4 etc. Tabuada de multiplicar e de dividir até 12. Formação de unidades, dezenas, centenas e milhares. Soma e subtração. Multiplicação e divisão: casos simples. Sistema métrico: exercícios práticos sobre pesos e medidas. Cálculo mental. Problemas algarismos romanos.	Pirâmide e cone, quanto à superfície, às faces, às linhas e aos ângulos. Elipsóide e ovóide. Formas das faces dos sólidos, nome dos ângulos e das linhas que limitam a superfície.
3º ano	Estudo da multiplicação e da divisão. Fração decimal: ler e escrever números decimais, reduzir frações ao mesmo denominador. As quatro operações com frações decimais. Sistema métrico decimal. Exercícios práticos sobre pesos e medidas. Cálculo mental. Problemas.	Posição das linhas. Construção de perpendiculares e paralelas, de ângulos, de triângulos e do quadrado. Medida de superfície do quadrado e do retângulo. Problemas.
4º ano	Revisão. Frações ordinárias: próprias e impróprias, homogêneas e heterogêneas. Redução de frações ao mesmo denominador pelo processo geral. Adição, subtração, multiplicação e divisão de frações ordinárias. Transformar frações ordinárias em decimais e vice-versa. Sistema métrico decimal. Cálculo mental. Problemas e questões práticas.	Avaliação da área dos triângulos, quadriláteros e polígonos. Circunferência e suas linhas. Círculo. Construção de polígonos regulares. Problemas.

Fonte: *Revista de Ensino* número 2 de 1905

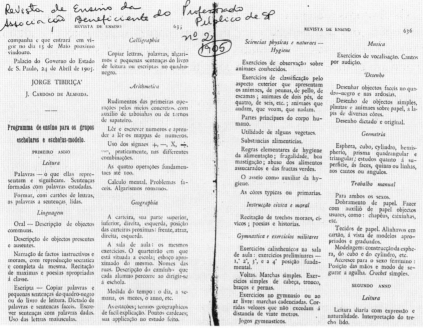

Nossa hipótese é que, embora a Geometria constasse da programação do Curso Primário era pouco ensinada, pois praticamente não havia artigos com orientações didáticas para ensiná-la nas revistas destinadas ao ensino.

A análise da grade curricular da escola normal publicada em uma das Revistas de Ensino em 1912, revela o predomínio de disciplinas de caráter geral, proporcionando uma cultura geral ampla, mas com pouca atenção ao conhecimento das áreas que os futuros professores do curso primário viriam a ensinar.

Pelo que pudemos observar, essas revistas tinham como objetivo oferecer artigos sobre os fundamentos da educação, mas expunham também sugestões de atividades de sala de aula, para o professor, algumas delas para ensinar Matemática, como é o caso da coleção das cartas de Parker.

É interessante destacar que artigos da revista revelam uma grande preocupação com a 'formação pessoal' dos professores, destacando a 'moral necessária ao bom desempenho de seus deveres profissionais'. Observam-se com freqüência as transcrições de programas de ensino vigentes, mostrando uma preocupação dos editores em divulgá-los aos professores.

Um fato importante de apontar é que foi em 1931 que apareceu no currículo no Curso Normal, pela primeira vez, uma disciplina com o nome de Matemática, unificando as disciplinas Aritmética e Geometria.

Cartas de Parker

Para o ensino da arithmetica nas escolas primarias

CARTA 43

2 3	4 5 6	7 8	9 10	11 12

91=?	92=?	93=?	94=?	95=?
96=?	97=?	98=?	99=?	100=?

XXIX	XXX	XXXI	XXXII
91—7	96÷12	99÷9	1/2 de 100
91—7	1/8 de 96	99÷11	2×50
87+7	1/12 de 96	1/9 de 99	100÷7
86+5	8×12	1/11 de 99	1/7 de 100
92—9	12×8	9×11	4×25
93—6	97—9	11×9	100÷5
94—7	98—6	100÷10	1/5 de 100
95—9	99—8	1 de 100	5×20
95—8	92+6	10×10	50+50
96+8	98—9	100÷2	75+25

A influência da Psicologia nos cursos de Formação de Professores e o denominado 'paradigma perdido'

A partir dos anos 1920 identifica-se a influência da Psicologia na Educação e o fenômeno denominado por Shulman (1992) como 'paradigma perdido'.

Shulman (1992) afirma que os tópicos tratados nos textos da Psicologia da Educação na primeira década do século XX referiam-se à psicologia da aritmética, da leitura, da aprendizagem. Segundo ele, a partir dos anos 1930, esses assuntos foram sendo substituídos por tópicos gerais tais como memória, aprendizagem, motivação, tendências que perduraram até os idos de 1960.

No Brasil, a influência da Pedagogia e da Psicologia em detrimento dos conteúdos curriculares, objetos de ensino, foi se fortificando nos cursos normais com o passar dos anos e dura praticamente até os dias atuais (Curi, 2003).

Embora as reedições do livro de Trajano indicassem uma preocupação com os conteúdos matemáticos, mesmo reduzidos à Aritmética, a influência da Psicologia provocava mudanças nos livros destinados ao Curso Normal. O livro *Psicologia da Aritmética* de Thorndike foi marcante no país e influenciou várias gerações de autores de livros de Metodologia do Ensino de Matemática.

Edward Lee Thorndike (1874-1949), psicólogo americano, trabalhou com animais e entendia que todo o comportamento de aprendizagem é regulado por punição e recompensa.[6] Segundo Kilpatrick (1989), Thorndike não apresentava uma visão otimista da inteligência humana. Para Kilpatrick,[7] autores como Thorndike e Granville Stanley Hall, que falaram do 'grande exército de incapazes' nas escolas, promovem a idéia de que as diferenças individuais ditam a necessidade de expor as crianças a diferentes matérias e métodos de instrução.

Conforme indicação no prefácio, ficava clara a influência da Psicologia:

> Esse livro foi escrito com a finalidade expressa de aplicar ao ensino da aritmética os princípios descobertos pela Psicologia do aprendizado, pela Pedagogia experimental e pela observação da prática escolar bem-sucedida. (1929, p.7)

Nesse sentido, o livro de Thorndike (1929) baseia-se e divulga uma concepção empírico-ativista do processo ensino/aprendizagem.[8] Essa tendência, que se opunha à chamada Pedagogia Tradicional[9] do final do período do Império, considerava o aluno um ser ativo, que se desenvolve a partir de experiências. Os métodos de ensino consistiam em desenvolver atividades a partir da experiência dos alunos ou em ambientes experimentais. Essa concepção pode ser observada na afirmação de Thorndike (1929), na página 265 de seu livro *A nova metodologia da aritmética*:

> evocação, mais tarde, possa servir-lhe como guia. Os velhos métodos faziam os alunos aprender a regra e, em seguida, operar de acordo com ela. Os novos méto-

---

6 Faz parte da chamada escola conexionista, usando a estrutura de aprendizagem denominada S-R (Stimuli and Response), estímulo e resposta. Foi professor no Teachers College em Columbia de 1904 a 1940.

7 Este artigo foi publicado originalmente no livro *The teaching and assessment of mathematical problem solving*, de R. I. Charles e E. A. Silver (Ed.), Reston, VA: NCTM e Lawrence Erlbaum, 1989, e está traduzido na Internet, disponível em: <http://www.educ.fc.ul.pt/docentes/jponte/sd/textos/stanic-kilpatrick.pdf>, acesso em 20 mar. 2004.

8 Segundo categorização de Fiorentini.

9 Segundo Saviani, a teoria tradicional surge historicamente baseada nas conquistas da Revolução Francesa, que propõe a universalização do ensino para retirar os indivíduos da condição inferior de súditos e transformá-los em cidadãos esclarecidos. Nesse contexto, a marginalidade é entendida enquanto um fenômeno derivado do déficit intelectual ocasionado pela ausência de instrução. A escola seria o remédio para este problema, na medida em que se difunde um ensino centrado e organizado em torno da figura do professor. As lições dos alunos são seguidas com disciplina e atenção, direcionadas pelo mestre-escola, ao aluno competia aprender. Aos poucos, esse tipo de teoria foi caindo em descrédito devido às dificuldades de acesso de todos à escola e também em função do fracasso escolar, mesmo para os que conseguiam o seu desiderato de ingressar na instituição escolar. Para a pedagogia tradicional o importante era aprender. No capítulo da Teoria da Curvatura da Vara, Saviani justifica um processo de tentativa de ajustes da educação: quando uma vara está torta ela fica curva de um lado para endireitá-la, não basta colocá-la na posição correta. É preciso curvá-la para o lado oposto. Nesse mesmo texto Saviani afirma que a pedagogia tradicional calcada na concepção da filosofia essencialista foi substituída pela pedagogia nova, baseada sobre uma filosofia existencialista. É a existência superando a essência, recurso imposto pela elite para sobreviver (Saviani, 2000).

dos deixam o aluno aprender a operar de certo modo, para depois expor o que aprendeu sob a forma de regra que o auxiliará a evocar o aprendido e adquirir novos conhecimentos.

Para Kilpatrick (1989), embora Thorndike chame a atenção para a importância da experiência dos alunos quando aprendem regras e definições, ele, de fato, nunca deixou de lado totalmente a chamada 'disciplina mental' e, em 1924, argumentava que

> O valor intelectual dos estudos deveria ser determinado, largamente, pela informação especial, hábitos, interesses, atitudes e ideais que eles demonstradamente produzem. A expectativa de uma grande diferença na melhoria geral da mente do estudo de um assunto mais do que outro, parece condenada ao desapontamento. A principal razão por que os bons pensadores parecem à primeira vista ter surgido por terem tido certos estudos escolares é que os bons pensadores fizeram tais estudos, tornaram-se melhores pela inerente tendência dos melhores para ganhar mais do que os outros de qualquer estudo... Os valores disciplinares podem ser reais e merecer peso no currículo, mas esse peso deve ser razoável (apud KILPATRICK, 1989, p. 27).

É importante salientar que, em conseqüência da influência da Psicologia, os autores de livros destinados ao Curso Normal preocupavam-se com a motivação no ensino, enfatizando o uso de jogos e materiais didáticos, o estudo dirigido, tendências fortes do período da Escola Nova[10].

O livro de Aguayo (1935) *Didática da Escola Nova* traduzido em 1935, apresentava vários capítulos sobre tópicos gerais da Psicologia e outros sobre temas curriculares, entre eles o Ensino de Aritmética, com sugestões didáticas para os professores.

Esse autor destacava a importância de se respeitar a liberdade da criança na realização dos procedimentos de cálculos, a utilização de situações da vida real nos problemas aritméticos e a observação dos processos de raciocínio na resolução dos problemas em vez da apresentação por parte dos professores de soluções dos mesmos. Nesse sentido, o

---

10 Escola Nova é um dos nomes dados a um movimento de renovação do ensino que foi especialmente forte na Europa, na América e no Brasil, na primeira metade do século XX . "Escola Ativa" ou "Escola Progressiva" são outros termos usados para descrever esse movimento. Os primeiros grandes inspiradores da Escola Nova foram o escritor Jean-Jacques Rousseau (1712-1778) e os pedagogos Heinrich Pestalozzi (1746-1827) e Freidrich Fröebel (1782-1852). O grande nome do movimento na América foi o filósofo e pedagogo John Dewey (1859-1952 No Brasil, as idéias da Escola Nova foram introduzidas já em 1882 por Rui Barbosa (1849-1923). (*Escola e Democracia*, Dermeval Saviani, 32ª Edição. Autores Associados. Campinas, SP.)

aluno torna-se ativo e o professor deixa de ser o centro tornando-se elemento facilitador da aprendizagem. Aguayo, no prefácio de seu livro, reafirma essa concepção:

> Não é o ensino obra receptiva, em que, de modo passivo e relativamente inerte, a criança adquire o que o professor lhe transmite e sim processo de aprendizagem, esforço dirigido no sentido de formação ou modificação da conduta humana. De acordo com essa doutrina pedagógica, o aluno aprende por si e o mestre se resume em dirigi-lo, encaminhá-lo e estimulá-lo ...

A análise desse livro permite refletir sobre a importância reservada ao ensino de Geometria, pois o autor dedica menos de uma página a esse assunto, dentre as 30 páginas destinadas à Matemática. Afirma apenas que o ensino de Geometria se confunde com o do Desenho e não deve ir além dos exercícios e problemas que têm aplicação na vida real. Não há nenhuma orientação ao futuro professor sobre como ensinar Geometria como o autor fez com a Aritmética. Cabe ressaltar que, entre os livros analisados, este foi o único que apresentava alguma orientação sobre o ensino de Geometria.

A preocupação de apresentar soluções dos exercícios propostos e respostas nos livros de Matemática permaneceu através dos tempos. Os autores de livros didáticos para o Curso Primário chamavam a atenção dos professores para esse fato e salientavam que as soluções dos exercícios facilitavam o trabalho do professor, o que possibilita conjecturar que os professores necessitavam dessas respostas para verificar se os exercícios que resolviam estavam corretos (CURI, 2003).

Shulman (1992) revela que o aumento de pesquisas em Educação sobre o 'como ensinar' teve conseqüências na formação dos professores que passou a privilegiar os procedimentos de ensino em detrimento do estudo dos objetos de ensino. Tal fato é denominado por ele de 'paradigma perdido', ou seja, a mudança do foco 'o que ensinar' para 'como ensinar'.

O livro *A nova metodologia da aritmética*, de Thorndike (1929) é um exemplo da mudança de foco para o 'como ensinar' apontada por Shulman. Esse livro influenciou autores de outras décadas como Aguayo que publicou em 1956 o livro *Didática*[11] *da Escola Nova* e Theobaldo de Miranda Santos (1960). Ambos mencionavam em sua obra a importância do livro deThorndike.

---

11 É conveniente destacar que a denominação Didática da Matemática usada nesses manuais não corresponde às concepções mais recentes relativas aos objetos desse campo de conhecimento, mas caracteriza-se mais por seu cunho "metodológico", com a finalidade de oferecer sugestões e modelos ao professor, para as tarefas a serem desenvolvidas em sala de aula.

Para Shulman (1992), os modelos de ensino e de formação de professores na primeira metade do século XX eram imbuídos de teorias psicológicas e desconsideravam a influência de outras disciplinas. Ele faz essa afirmação a partir de uma análise crítica das pesquisas americanas sobre o tema do ensino e do conhecimento dos professores, que realizou em 1986.

Em estudos publicados em 1992, Shulman revela que, na década de 1920, os livros destinados ao ensino dos professores apresentavam variados temas dos currículos escolares, tais como Psicologia da Aritmética, da Leitura, da Aprendizagem da Ciência etc. Ele salienta que esse tipo de livro foi desaparecendo dos cursos de formação de professores e que em seu lugar surgiram, a partir dos anos 1930, livros que enfocavam tópicos gerais da Psicologia da Educação, como memória, aprendizagem, motivação, desenvolvimento. Os livros com essas características permaneceram por muitos anos nos cursos, influenciando a formação de várias gerações de professores.

A constatação de Shulman (1992) ganha significado em nosso trabalho quando analisamos o *Compêndio de Legislação do Ensino Normal*, nº 4, do Estado de São Paulo, de 1953. Nessa época, apesar da vigência da Lei Orgânica do Ensino Normal de 1946,[12] de âmbito federal, a legislação que regia os cursos normais do Estado de São Paulo indicava um curso de formação profissional do professor de dois anos,[13] cuja grade curricular apresentava um conjunto de disciplinas que contemplavam temas gerais ligados à Educação, sem a presença de 'cadeiras' de Matemática ou de outras áreas específicas.

Shulman (1992) revela que era bastante evidente nos programas de formação de professores das décadas de 1970 e 1980 a ausência de preocupação com os objetos de ensino e a forte ênfase nas metodologias do ensino. Ele destaca que nessa época aumentaram as pesquisas em Educação sobre o 'como ensinar' e, na formação dos professores, os procedimentos de ensino passaram a ter mais importância do que o estudo dos objetos de ensino. Tal fato é denominado por ele de 'paradigma perdido', ou seja, a mudança do foco 'o que ensinar' para 'como ensinar'.

---

12 Segundo Romanelli (1978), de acordo com a Lei Orgânica de 1946, no Curso Normal Regional, chamado de ciclo 1, havia Matemática nas quatro séries e no Curso Normal do ciclo 2 havia Matemática apenas na primeira série. O autor afirma que o curso normal de 1º ciclo foi por muito tempo e em muitos locais o único que formava o professor para atuar no curso primário.

13 O curso de formação profissional era precedido de um curso de um ano denominado Pré-normal. Na grade curricular do curso pré-normal havia a presença de uma "cadeira" denominada Matemática e Noções de Estatística, cujo objetivo era rever e consolidar matérias do curso secundário e ampliar conhecimentos básicos necessários ao estudo das disciplinas do curso normal (p.101 do *Compêndio de Legislação do Ensino Normal*, 1953).

Em nosso estudo sobre documentos e manuais desse período, identificamos aspectos que apresentam coerência com as conclusões dos estudos de Shulman (1992). Houve um crescimento do número de publicações destinadas aos estudantes da Escola Normal e também aos alunos dos cursos de Pedagogia, bem como o fortalecimento de disciplinas de Metodologia e de Prática de Ensino no Curso Normal, com o foco em 'como ensinar'. Como já dissemos, um exemplo disso é a publicação do manual *Noções de didática especial*, de Theobaldo de Miranda Santos (1960), que dedica um capítulo à Didática da Matemática. Nessa obra, o autor refere-se às tarefas da escola relativas ao ensino da Aritmética, referindo-se a Thorndike, o que permite inferir que, depois de trinta anos, era possível sentir ainda a influência das idéias desse autor no ensino brasileiro.

É conveniente destacar que a denominação Didática da Matemática usada nesse manual não corresponde às concepções mais recentes relativas aos objetos desse campo de conhecimento, mas caracteriza-se mais por seu cunho "metodológico", com a finalidade de oferecer sugestões e modelos ao professor, para as tarefas a serem desenvolvidas em sala de aula.

A formação para ensinar Matemática sob a vigência da LDBEN 5.692/71 no Centro Específico de Formação e Aperfeiçoamento do Magistério – Cefam e nos cursos de Pedagogia

A Lei de Diretrizes e Bases da Educação Nacional 5.692, promulgada em 1971, é um marco importante na organização da educação em nosso país. Tornou obrigatório o ensino dos 7 aos 14 anos, extinguiu os exames de admissão ao ginásio[14], buscando garantir o acesso a todos os alunos, em especial os das classes populares, ao ensino denominado, a partir de então, de ensino de 1º grau.

A LDBEN 5.692/71 também deu ênfase aos estudos profissionalizantes e, dentre as habilitações profissionais para o ensino de segundo grau, propunha a Habilitação Específica de 2º grau para o Magistério. Para implementação do Curso de Habilitação Específica para o Magistério, o Conselho Federal de Educação[15], por meio do Parecer CFE 349/72, dava indicações dos currículos mínimos para o curso e orientações para o trabalho a ser realizado em algumas disciplinas. As disciplinas específicas para os cursos de Habilitação para o Magistério apontadas nesse parecer

---

14 Denominação dada às atuais quatro séries finais do Ensino Fundamental.
15 Atual Conselho Nacional de Educação.

são: Fundamentos da Educação, Estrutura e Funcionamento do Ensino de Primeiro Grau, Didática e Prática de Ensino.

'Fundamentos da Educação' deveria abranger os aspectos biológicos, psicológicos, sociológicos, históricos e filosóficos da Educação, e 'Estrutura e Funcionamento do Ensino de Primeiro Grau' focalizaria aspectos legais, técnicos e administrativos do nível escolar em que o futuro professor viria a atuar.

Quanto à 'Didática', os aspectos a serem enfatizados incluíam o planejamento, a execução e a verificação da aprendizagem. Segundo o parecer, a 'Prática de Ensino' deveria desenvolver-se sob a forma de estágio supervisionado. O documento apontava a necessidade de estabelecer relações entre a 'Metodologia' e a 'Prática de Ensino'.

A formação geral estava prevista em um núcleo comum, de âmbito nacional, composto de três áreas do conhecimento: Comunicação e Expressão, Estudos Sociais e Ciências. É curioso destacar a referência do Parecer CFE 349/72 ao ensino de Matemática para os futuros professores:

> Deve-se enfocar sua estrutura básica, conduzindo o professorando a realizar todo o encadeamento de ações para que possa, futuramente, levar o educando, com apoio em situações concretas, a compreender as estruturas da realidade e suas relações, deixando em segundo plano a aquisição de mecanismos puramente utilitários para a solução de problemas práticos (Parecer CFE 349/72, p. 143; Parecer CFE 853/71, p. 31).

Para subsidiar a implementação dos cursos de Habilitação Específica para o Magistério, a Imprensa Oficial do Estado de São Paulo publicou documentos básicos para a implantação das Reformas do Primeiro e Segundo Graus, incluindo um exemplo de Grade do Curso de Habilitação Específica para o Magistério com 2.900 horas de duração. Nela, não aparece discriminada uma disciplina de Matemática, pois esta fazia parte da área de Ciências.

A promulgação da LDBEN 5.692/71 diminuiu o tempo da formação profissional do futuro professor. Essa legislação unificou os currículos da 1ª série do 2º grau, provocando prejuízos para a formação específica do professor. Apenas no 3º ano destinavam-se espaços para disciplinas como Didática da Língua Portuguesa e de Didática da Matemática. Como o futuro professor deveria optar pelo aprofundamento de estudos para exercer o magistério na 1ª e na 2ª séries, ou na 3ª e na 4ª séries, os programas das 'Didáticas' diferenciavam-se de acordo com a opção de especialização do futuro professor, o que diminuía mais ainda o contato que ele tinha com os conhecimentos específicos.

Na década de 1970, a Secretaria Estadual de Educação – SEE, publicava também documentos norteadores dos currículos das escolas do Estado de São Paulo (Guias Curriculares e Subsídios para a implementação dos Guias Curriculares). Em Matemática, esses documentos incorporavam tendências mundiais para o ensino dessa área do conhecimento, veiculadas pelo Movimento Matemática Moderna. É possível conjecturar que esses documentos tenham sido utilizados nos cursos de formação de professores polivalentes. Mas é importante assinalar que, ainda na década de 1970, obras como a de Theobaldo Miranda Santos continuaram sendo editadas.

O modelo de formação de professores polivalentes, construído a partir da LDBEN 5.692/71, provocou muitas críticas, e o próprio Ministério da Educação solicitou um estudo ao Cenafor[16] sobre esses cursos. Segundo Cavalcanti (1994), o estudo realizado em 1986 e divulgado por meio de um relatório revelou que os conteúdos ministrados nos cursos de Habilitação para o Magistério eram inadequados às necessidades da formação do professor. Além disso, apontou a falta de aprofundamento das disciplinas de metodologias das diferentes áreas de ensino, a falta de integração entre os professores do núcleo comum e os das disciplinas específicas do curso e de articulação entre os programas desenvolvidos nas escolas de Habilitação para o Magistério e os desenvolvidos nas quatro primeiras séries do Ensino Fundamental. Destacou ainda a concepção do estágio como atividade burocrática, preocupada apenas com o preenchimento de fichas, a falta de escolas anexas, o pouco tempo dos estudantes para a realização dos estágios ou ainda a freqüência de estágios em escolas desarticuladas dos cursos de formação.

Segundo Fusari (1992b, p. 23):

> A partir de meados dos anos 70, a formação dos educadores para a Pré-escola e para as quatro primeiras séries da Escola fundamental entrou em decadência absoluta, na medida em que não conseguiu formar, de maneira competente, profissionais para trabalharem bem com a realidade das escolas públicas em geral.

O relatório do Cenafor, de acordo com Cavalcanti (1994), fez com que novas modificações fossem propostas pelo Ministério da Educação e Cultura – MEC para serem realizadas nos cursos de formação de profes-

---

16 O MEC instituiu vários projetos classificados de formação de capacitação de professores considerados prioritários, entre eles o Centro Nacional de Formação Profissional (Cenafor), em São Paulo, voltado para o 2º grau. A idéia básica proposta nessas capacitações era a de que a aquisição de conhecimentos trabalhados por meio de algumas técnicas específicas geraria atitudes positivas em relação ao ensino, o que modificaria o comportamento dos educadores. Em outubro de 1986, São Paulo.

sores polivalentes. Segundo Fusari (1992a), com a perspectiva de superar o fracasso dos cursos de Habilitação Específica para o Magistério, o MEC criou, em nível nacional, os Cefam.

A formação oferecida nos Cefam

Segundo Cavalcanti (1994), o MEC articulou um seminário com vários órgãos do sistema de ensino e instituições de ensino superior, com o objetivo de discutir e propor alternativas para a formação de professores. Como resultado dessas discussões, surgiu o Centro de Desenvolvimento de Recursos Humanos para a Educação Pré-escolar e o Ensino de 1º Grau, tendo esse nome mais tarde sido alterado para Centro Específico de Formação e Aperfeiçoamento do Magistério – Cefam, por solicitação das secretarias de Educação que, até então, eram responsáveis pelo desenvolvimento do projeto.

Cavalcanti (1994) relata que não se tratava da criação de uma nova unidade escolar, mas do redimensionamento da Escola Normal, voltando-se para o professor em formação, para o professor em exercício (formado ou leigo) e para a comunidade, procurando manter um elo de ligação permanente entre a escola de 1º grau, a pré-escola e a instituição do ensino superior. Os Cefam tinham como principal objetivo formar o professor dos anos iniciais do Ensino Fundamental, mas também se tornarem centros de aperfeiçoamento do magistério. Cada unidade da Federação incorporou os Cefam dentro de suas estruturas e possibilidades, mas as grades curriculares dos Cefam deveriam tomar como base a Lei 5.692/71 e, no geral, os problemas que já apontamos relativos às disciplinas, objeto de ensino, permaneceram nessa nova estrutura do curso.

No Estado de São Paulo, os Cefam foram criados pelo Decreto 2.8089, do governo do Estado, em 28 de janeiro de 1988, mas funcionaram em paralelo com os antigos cursos de Habilitação para o Magistério, pois não atendiam toda a demanda da rede pública estadual. A estrutura do Cefam no Estado de São Paulo pôs fim à formação visando apenas duas das quatro séries em que ele poderia atuar. Além disso, a formação em período integral e a bolsa de estudos permitiam ao futuro professor dedicação exclusiva ao curso e assiduidade nos estágios.

Os Cefam funcionaram como tal, no Estado de São Paulo, até 1998, quando a Resolução SE 11, de 23 de novembro de 1998, estabeleceu novas diretrizes para a reorganização curricular dos cursos de formação de professores polivalentes, em nível médio. A partir de 2003, foram extinto, em função da Resolução SE 119, de 07 de novembro de 2003, que dispõe sobre o processo de atendimento à demanda de alunos do Curso Normal das escolas estaduais em 2004.

Embora as pesquisas sobre os Cefam sinalizem para propostas de formação matemática bem-sucedidas em alguns deles, pode-se constatar que a formação matemática dos professores polivalentes era realizada por meio de uma única disciplina anual, geralmente denominada Conteúdos e Metodologia das Ciências e da Matemática.

Ao longo das décadas de 1980 e 1990, a Coordenadoria de Estudos e Normas Pedagógicas – Cenp, órgão da Secretaria Estadual de Educação de São Paulo, produziu documentos curriculares e materiais instrucionais (tais como Atividades Matemáticas[17] e Proposta Curricular de Matemática para o Ensino de 1º Grau, de 1985) que, provavelmente, tiveram influência na formação de professores polivalentes, realizada nos Cefam, uma vez que as delegacias de Ensino daquela época possuíam uma equipe de assistentes técnicos pedagógicos (alguns responsáveis pela área de Matemática), aos quais cabia a implementação das idéias veiculadas nesse material junto às escolas de 1º grau e também às escolas de formação de professores polivalentes.

Além desses documentos oficiais, na década de 80, surgem também algumas obras dedicadas à formação de professores polivalentes que tematizam o ensino de Matemática em alguns capítulos ou em publicações específicas.

Um livro bastante usado nesse período foi Didática especial, organizado por Piletti (1985), contendo um capítulo destinado ao ensino de Matemática, de autoria de Pires. A autora (1988, p. 104) comenta que:

> A prática pouco eficiente dos professores polivalentes é decorrente da falta de domínio dos conteúdos a serem ensinados e da falta de identificação dos objetivos que pretende atingir. E conseqüentemente sem uma clara compreensão de que 'o que' e 'para que' ensinar dificilmente saberá 'como' ensinar e provavelmente terá uma prática pouco eficiente de ensino.

No referido capítulo, a autora discute tanto a seleção e organização de conteúdos a serem ensinados como aprofunda os estudos de alguns conteúdos, destacando os números naturais e racionais, operações, medidas e geometria. Observa-se uma intenção de aprofundar conceitos matemáticos e também questões metodológicas, como as referentes ao uso de materiais

---

17 Atividades Matemática (1ª série/1982), Atividades Matemática (2ª série/1983), Atividades Matemática (3ª série/ 1985), Atividades Matemática (4ª série/1990).

didáticos (como o material dourado, as barras Cuisenaire, o geoplano, os discos de fração, os blocos lógicos) e à análise de livros didáticos.

Outro livro bastante utilizado nesse período é de autoria de Dante (1987), intitulado *Didática da resolução de problemas*. O autor destaca por que é importante ensinar resolução de problemas, classifica vários tipos de exercícios e de problemas, discute a resolução de um problema, de acordo com as etapas propostas por Polya, e oferece sugestões sobre o encaminhamento da solução de problemas em sala de aula. O livro apresenta ainda listagens de problemas para os anos iniciais do Ensino Fundamental.

A formação nos cursos de Pedagogia

Como destacamos anteriormente, a partir da Lei 5.692/71, o professor dos anos iniciais do Ensino Fundamental poderia ser habilitado nos cursos de Pedagogia, que foram normatizados pelo Parecer CFE 252/69. Esses cursos tinham duração mínima de 2.200 horas, distribuídas em, no mínimo, três e, no máximo, sete anos letivos. O currículo mínimo do curso compreendia uma parte comum a todas as habilitações e outra diversificada, em função das habilitações específicas oferecidas pela instituição e escolhidas pelo aluno, que poderia optar por, no máximo, duas delas.

Compunham o núcleo comum do curso de Pedagogia as disciplinas de Sociologia Geral, Sociologia da Educação, Filosofia da Educação, História da Educação, Psicologia da Educação e Didática. O aluno do curso de Pedagogia que escolhia a Habilitação Magistério completava a sua formação com as disciplinas: Estrutura e Funcionamento do Ensino de 1º Grau, Metodologia do Ensino de 1º Grau e Prática de Ensino na Escola de 1º Grau.

A partir dos anos 1980, alguns cursos de Pedagogia sofreram reformulações. No entanto, na grade curricular de curso de Pedagogia de uma universidade paulista, reformulada em 1988, podemos observar que os Fundamentos da Educação ainda predominam no referido curso, destacando-se a ausência de disciplinas que envolvem os conteúdos das disciplinas a serem ensinadas e suas didáticas específicas.

A formação para ensinar Matemática a partir da LDBEN 9.394/96

Como já destacamos no item 1.3 do Capítulo 1 deste trabalho, a LDBEN 9.394/96 instituiu a formação de professores polivalentes em nível superior.

As sinalizações para essa formação foram apresentadas pelo CNE na Resolução CNE/CP 1, de 18 de fevereiro de 2002, que institui Diretrizes Curriculares Nacionais para a Formação de Professores – DCNFP. Essa formação pode se dar em cursos de Pedagogia ou nos Cursos Normais superiores.

As DCNFPs propõem que o projeto pedagógico das instituições formadoras deva ser elaborado em função das competências necessárias para o exercício da docência. No art. 6º, o documento descreve a natureza das competências essenciais à formação profissional.

Art. 6º Na construção do projeto pedagógico dos cursos de formação dos docentes serão consideradas:

I – as competências referentes ao comprometimento com os valores inspiradores da sociedade democrática;

II – as competências referentes à compreensão do papel social da escola;

III – as competências referentes ao domínio dos conteúdos a serem socializados, aos seus significados em diferentes contextos e sua articulação interdisciplinar;

IV – as competências referentes ao domínio do conhecimento pedagógico;

V – as competências referentes ao conhecimento de processos de investigação que possibilitem o aperfeiçoamento da prática pedagógica;

VI – as competências referentes ao gerenciamento do próprio desenvolvimento profissional.

Nos parágrafos 1 e 2 desse artigo, o documento destaca que as competências enumeradas no art. 6º não esgotam o conjunto de competências necessárias à formação dos professores. Enfatiza ainda que esse conjunto de competências deve ser complementado por aquelas específicas de cada etapa e modalidade da educação básica e de cada área do conhecimento a ser contemplada na formação.

Isso evidencia a necessidade de discussões sobre as competências a serem constituídas pelos professores polivalentes, relativamente ao ensino de Matemática, na educação infantil e nos anos iniciais do Ensino Fundamental.

Assim, no parágrafo único do art. 11 , as DCNFPs chamam a atenção para o conhecimento dos objetos de ensino.

Parágrafo único. Nas licenciaturas em educação infantil e anos iniciais do Ensino Fundamental deverão preponderar os tempos dedicados à constituição de conhecimento sobre os objetos de ensino e nas demais licenciaturas o tempo dedicado às dimensões pedagógicas não será inferior à quinta parte da carga horária total.

Também uma Comissão de Especialistas nomeada pela SEsu apresenta estudos de diretrizes curriculares específicas para o curso de Pedagogia, em que se reforça a necessidade de focalizar os 'objetos' de ensino. O texto assegura, na estrutura curricular dos cursos de Pedagogia, a existência de um núcleo de conteúdos básicos obrigatórios, articuladores da relação teoria e prática. Segundo o documento, esse núcleo compreende:

1. o estudo dos conteúdos curriculares da educação básica escolar;
2. os conhecimentos didáticos; as teorias pedagógicas em articulação às metodologias; tecnologias de informação e comunicação e suas linguagens específicas aplicadas ao ensino;
3. o estudo dos processos de organização do trabalho pedagógico, gestão e coordenação educacional;
4. o estudo das relações entre educação e trabalho, entre outras, demandadas pela sociedade.

No Estado de São Paulo, o Conselho Estadual de Educação manifestou-se favoravelmente à obtenção de graduação em nível superior pelos professores dos anos iniciais do Ensino Fundamental e considera que:

A decisão de padronizar na rede a exigência de curso de nível superior para os professores de Ensino Fundamental é entendida como um passo à altura da evolução do sistema estadual de ensino público de nosso Estado.

A Resolução SEE 119/2003 destaca que a formação em nível superior dos professores polivalentes é prioridade da Pasta e aponta as ações que vêm sendo desenvolvidas:

– a obtenção da licenciatura plena, como patamar ideal de formação de docentes que atuam na educação básica, vem se constituindo em uma das prioridades desta Pasta;
– a formação, em nível superior, dos docentes da educação infantil e das séries iniciais do Ensino Fundamental já vem se concretizando gradativamente nas redes estadual e municipais mediante a implementação de Programas Especiais de Formação em Serviço – PEC Formação Universitária;
– programas implementados por esta Secretaria têm possibilitado aos alunos concluintes dos cursos de ensino médio de escolas estaduais obter bolsa para realização de estudos em instituições de ensino superior.

A formação nos cursos de Pedagogia no momento atual

Embora as mudanças na legislação sejam recentes e nem todas as instituições de ensino superior tenham reelaborado seus projetos institucionais e pedagógicos, pretendíamos identificar se e como as orientações propostas nos documentos oficiais estão sendo incorporadas. Em função das finalidades de nossa investigação, focalizamos nossa análise em ementas de cursos das disciplinas da área de Matemática de 36 cursos de Pedagogia[18], de instituições que as disponibilizaram na Internet, selecionando as que haviam sido reformuladas a partir de 2000[19].

Nas instituições analisadas, constatamos diferenças, às vezes consideráveis, relativamente ao número e aos nomes de disciplinas, em termos da bibliografia utilizada e do perfil do formador. Identificamos, porém, pontos em comum em disciplinas com nomes diferentes[20].

A disciplina que apareceu com mais freqüência nas grades curriculares dos cursos analisados foi Metodologia de Ensino de Matemática, presente em cerca de 66% das grades. Se considerarmos que outros 25% dos cursos têm na grade curricular a disciplina Conteúdos e Metodologia de Ensino de Matemática, é possível afirmar que cerca de 90% dos cursos de Pedagogia elegem as questões metodológicas como essenciais à formação de professores polivalentes.

No entanto, a denominação 'comum' da disciplina não garante que em todos os cursos sejam abordados os mesmos conteúdos de formação. Assim, examinamos as ementas de disciplinas que possuíam algum vínculo com a Matemática, usando para essa análise as três vertentes apresentadas por Shulman (1992).

---

18 Em 2002, 606 cursos de Pedagogia participaram do Exame Nacional de Cursos, conhecido como 'Provão'. Tais cursos estão distribuídos por 454 cidades das 27 unidades da Federação.

19 Consultamos o site <www.interuni.com.br/cybercampus>; acionamos uma cidade qualquer, entre as apresentadas em cada Estado brasileiro, e, em seguida, selecionamos aleatoriamente uma instituição entre as listadas pelo site, sem a preocupação de identificar se a instituição era de caráter público ou particular, nem mesmo considerar sua classificação no Provão. O importante na análise da instituição era a apresentação da grade curricular do curso de Pedagogia ou Normal superior, os temas tratados nas disciplinas da área de Matemática, as bibliografias recomendadas etc. A modificação da escolha inicial da instituição era feita, portanto, pela falta de indicações de grade curricular, pela não-existência da habilitação para o magistério, entre as habilitações oferecidas pela instituição, ou a falta de endereço eletrônico.

20 Organizamos nosso estudo a partir das quatro disciplinas que aparecem mais freqüentemente nas grades curriculares e incorporamos em cada uma das categorias outras disciplinas com nomes diferentes, mas que possuíam ementas e temas semelhantes. As disciplinas mais presentes nas grades curriculares analisadas são: Metodologia do Ensino de Matemática, Conteúdos e Metodologia do Ensino de Matemática, Estatística aplicada à Educação e Matemática Básica. Em alguns cursos há apenas uma dessas disciplinas, em outros, duas. Quando há mais de uma disciplina da área de Matemática, uma delas é sempre referente a Metodologia do Ensino de Matemática.

Conhecimentos sobre conteúdos matemáticos em cursos de Pedagogia

Relativamente a esses conhecimentos, analisamos as ementas das disciplinas: Metodologia do Ensino de Matemática, Conteúdos e Metodologia do Ensino de Matemática, Estatística e Matemática Básica.

Os temas mais freqüentes em Conteúdos e Metodologia do Ensino de Matemática são: a construção do número e as quatro operações com números naturais e racionais. Mas outros conteúdos são apresentados e algumas ementas expõem indicações referentes às três vertentes de Shulman, sugerindo uma abordagem articulada. Transcrevemos, a título de exemplificação, as ementas E1, E2 e E3:

E1

Sistema de numeração. Operação com números naturais. O ensino de números racionais. Números sob a forma decimal. Porcentagens e juros. Sistema legal de unidades de medidas. Probabilidade e noções de estatística. Processos de conhecimento e ensino de Matemática. Tendências atuais do ensino de matemática. As funções básicas do pensamento e suas implicações pedagógicas, da percepção do espaço à construção de sólidos geométricos. Geometria plana. Análise do programa de ensino da SE.

E2

As principais correntes psicopedagógicas e as tendências atuais do ensino de Matemática. Fundamentos teóricos e metodológicos do ensino da Matemática nas séries iniciais. Habilidades específicas de conteúdo: sistema de numeração decimal e operações. Resolução de problemas, números fracionários. Sistema de medidas. Geometria.

E3

Conteúdos matemáticos relativos aos campos da lógica, do espaço e do número em suas inter-relações. A ação e o processo que a criança realiza na construção dos conceitos matemáticos. A organização do currículo e a Educação Matemática nas séries iniciais.

No entanto, a bibliografia apresentada com essas ementas permite conjecturar que a ênfase é de fato colocada nos conhecimentos didáticos dos conteúdos[21].

Estatística aplicada à Educação aparece em cerca de 50% dos cursos de Pedagogia, focalizando o estudo dos conceitos básicos de Estatística

---

21 A título de ilustração, destacamos livros como *A construção do número pela criança*.

Descritiva, como a organização de dados, técnicas de amostragem, medidas de tendência central, medidas de dispersão. Mas essa disciplina também é considerada uma ferramenta auxiliar para a dinâmica do fluxo escolar e para a análise de problemas educacionais brasileiros, como é possível observar nas Ementas E4, E5 e E6.

E4

Importância e aplicação dos conceitos estatísticos básicos, tanto descritivos quanto inferências, na análise de situações e problemas da realidade educacional brasileira. Indicadores de desempenho de dinâmica do fluxo escolar (evasão, repetência, aprovação). A estatística como instrumento de pesquisa educacional.

E5

Estudo de métodos estatísticos no enfoque não-matemático. Organização de dados, medidas de tendência central. Variabilidade, associação.

E6

Noções de estatística descritiva e inferência estatística como elementos auxiliares do planejamento e da avaliação de trabalhos escolares, noções de cálculo probabilístico.

É importante ressaltar que em 10% das instituições pesquisadas a Estatística é a única disciplina da área de Matemática do curso de Pedagogia. Com menor freqüência aparece a disciplina denominada Matemática Básica. Em algumas ementas da disciplina Matemática Básica repetem-se conteúdos dos anos iniciais do Ensino Fundamental e outros sugerem o caráter de revisão dos anos finais do Ensino Fundamental.

E7

Conjuntos numéricos: inteiros, fracionários e expressões numéricas, potenciação e radiciação, equações e inequações, produtos notáveis, razão e proporção, regra de três, porcentagem simples.

E8

Conjuntos numéricos: operações com números inteiros, fracionários e decimais, expressões numéricas, potenciação e radiciação. Equações e inequações do primeiro e segundo graus. Produtos notáveis. Razão e proporção, regra de três, porcentagem simples.

Nessas ementas, pode-se verificar a falta de indicação de conteúdos de Geometria, de medidas e relativos ao tratamento da informação.

Conhecimentos didáticos dos conteúdos matemáticos em cursos de Pedagogia

A disciplina que presumivelmente trata de conhecimentos didáticos dos conteúdos matemáticos é denominada nas grades como Metodologia do Ensino de Matemática. Uma primeira constatação foi que a carga horária a ela correspondente é, geralmente, bastante reduzida, apresentando uma variação de 36 a 72 horas de curso, menos de 4% da carga horária total do curso de 2.200 horas. A variação de temas e conteúdos apresentados nas ementas dessa disciplina é bastante grande, como podemos ver nos exemplos transcritos a seguir:

E9

Abordagem teórico-prática sobre as questões fundamentais relativas ao ensino de Matemática nas séries iniciais do Ensino Fundamental. Objetivos, conceitos, conteúdos materiais de ensino/aprendizagem aplicáveis ao ensino de Matemática. Os processos utilizados na resolução de problemas matemáticos. Planejamento de ensino e aprendizagem envolvendo os conteúdos programáticos da Matemática das séries iniciais.

E10

Matemática. História da Matemática. Desenvolvimento psicogenético versus noções matemáticas. A Matemática segundo as teorias das inteligências múltiplas. Tendências da Educação Matemática. O compromisso docente enquanto agente de transformação social. Implicações pedagógicas.

E11

A linguagem matemática enquanto forma de interpretar o mundo. A matemática e o cotidiano. A relação conteúdo/metodologia. A educação matemática: elaboração e análise de práticas.

E12

Análise das teorias do conhecimento: racionalismo, empirismo, dialética como instrumento de desenvolvimento do conhecimento matemático. Características da geometria e da aritmética, construção do conceito de número, construção do sistema de numeração decimal, quantificação e relação de quantidades, formas e medidas geométricas e suas possíveis combinações. Planejamento e sistematização de uma proposta de ensino.

E13

Conteúdos fundamentais da Matemática e suas metodologias para a construção do pensamento lógico-matemático e as possíveis adequações às diferenças individuais. Alfabetização na Matemática. Produção histórica e cultural dos números. Estudo de métodos de ensino e aprendizagem para a construção de conhecimentos matemáticos envolvendo números racionais, representação fracionária e decimal, sistema de medidas e elementos da geometria.

E14

A função da Matemática na interpretação do real e no desenvolvimento do pensamento lógico matemático da criança. A construção do número e as quatro operações com números naturais e sua relação com a teoria dos conjuntos e o espaço geométrico. Construção de sistemas numéricos, as propriedades das quatro operações fundamentais, o cálculo mental, os algarismos e as máquinas de calcular. Construção da noção dos conceitos de frações ordinárias e operações com as mesmas. Noções de geometria experimental e construtiva. Números decimais e o trabalho com os mesmos como aplicação daqueles com números naturais. Princípios da matemática financeira. Noções de probabilidade. Medidas de comprimento, superfície e volume, massa, capacidade, tempo e moeda. Abordagem e discussão de metodologia de ensino.

E15

O conhecimento matemático. Tendências do ensino de matemática: resolução de problemas, história da matemática, tecnologia da informação, o recurso aos jogos, teatro e matemática, literatura infantil e matemática. Conteúdos e metodologia.

É interessante salientar ainda que as estratégias de ensino mais freqüentemente apontadas, juntamente com as ementas desses cursos, são as aulas expositivas, secundadas por aulas em grupos de leitura, aulas de discussão de leituras, seminários. Entre os recursos utilizados, os mais citados foram: quadro-de-giz, lista de exercícios, materiais didáticos, jogos, material dourado e escala Cuisenaire.

No que concerne à bibliografia da disciplina Metodologia do Ensino de Matemática, a maioria das obras refere-se a jogos e brincadeiras (*A Matemática através de jogos e brincadeiras, Jogando e construindo a Matemática, Jogos matemáticos*). Em nenhum dos cursos analisados encontramos indicações de que os futuros professores terão contato com pesquisas na área de Educação Matemática, em particular sobre o ensino e aprendizagem de Matemática nas séries iniciais.

Conhecimentos referentes à organização curricular para o ensino de Matemática na educação infantil e nos anos iniciais do Ensino Fundamental trabalhados nos cursos de Pedagogia

Na análise das ementas, encontramos apenas uma referência explícita ao exame de documentos de orientação curricular para o ensino de Matemática, com destaque especial aos objetivos do ensino dessa área do conhecimento:

E16

Objetivos do ensino de Matemática do 1º segmento do Ensino Fundamental. Fundamentação psicológica do ensino de matemática nas séries iniciais. Metodologia do ensino de matemática: exames de processos e técnicas de ensino, condizentes com o interesse e a capacidade intelectual das crianças. Estudo de propostas de ensino para os principais conteúdos matemáticos do currículo do 1º segmento do Ensino Fundamental. Recursos metodológicos para o ensino de Matemática: o jogo, materiais estruturados, a história do conceito, a resolução de problemas, uso de calculadoras e computador, multimídia etc. Discussão e elaboração de unidades didáticas de ensino de Matemática: números, operações e cálculos, geometria e medidas, probabilidade e estatística. Atividades de ensino: definição e adequação aos objetivos. Análise de questões relevantes para o professor de Matemática das séries iniciais: a Matemática e o processo de alfabetização, Matemática na sociedade informatizada, Matemática e comunicação, Matemática como resolução de problemas, o papel do lúdico no ensino de Matemática, outras questões selecionadas a partir do interesse dos alunos. Matemática na educação pré-escolar.

A formação nos Cursos Normais superiores no momento atual

Os Cursos Normais superiores ainda são muito novos no cenário educacional brasileiro. Em nossa busca na Internet, obtivemos algumas grades curriculares, mas poucas ementas referentes às disciplinas. Desse modo, as análises que faremos de algumas propostas não são indicativas de uma tendência da abordagem de conhecimentos matemáticos nesses cursos, mas apenas ilustrativas, envolvendo seis cursos.

Algumas ementas são bastante amplas, mas revelam a preocupação de incorporar temas bastante discutidos atualmente.

E1

O conhecimento matemático. Tendências no ensino da Matemática: Resolução de Problemas – História da Matemática – Tratamento da Informação – O Recurso de Jogos Matemáticos – Teatro e Matemática – Literatura Infantil e Matemática. Conteúdos e Metodologia.

E2

Reflexão sobre os pressupostos teórico-epistemológicos subjacentes à prática do ensino de Matemática nos anos iniciais do Ensino Fundamental. Abordagens metodológicas adequadas à construção do conhecimento matemático, tomando como referencial a prática social dos alunos e o cotidiano da sala de aula.

Em algumas delas, percebemos o caráter de revisão de conteúdos matemáticos, particularmente daqueles que são trabalhados nas séries iniciais do Ensino Fundamental.

E3

Revisão dos conteúdos matemáticos indicados nos Parâmetros Curriculares nos diversos níveis de ensino básico: o estudo dos números e das operações (no campo da aritmética e da álgebra), o estudo do espaço e das formas (no campo da geometria) e o estudo das grandezas e das medidas (interligações entre os campos da aritmética, da álgebra e da geometria).

Outras revelam a preocupação com o conhecimento da organização curricular, particularmente para a educação infantil e para o primeiro e segundo ciclos do Ensino Fundamental.

E4

A importância da Matemática na educação infantil. Objetivos, conteúdos, orientações metodológicas e avaliação do ensino de Matemática para crianças de zero a três anos e para crianças de quatro a seis anos. Abordagens metodológicas adequadas à construção do conhecimento matemático, tomando como referencial a prática social dos alunos, o cotidiano de sala de aula, o trabalho multidisciplinar, buscando conexão entre a Matemática e o conhecimento obtido nas demais disciplinas do currículo.

E5

Ensino e aprendizagem da Matemática no primeiro e segundo ciclos do Ensino Fundamental: objetivos, conteúdos, tratamento didático e critérios de avaliação. A interdisciplinaridade e os temas transversais no ensino da Matemática. Significação, função e formas de avaliação do processo ensino/aprendizagem da Matemática.

Duas instituições analisadas chamaram a atenção pelo fato de darem espaço considerável para as disciplinas relativas à construção de conhecimentos matemáticos.

Numa delas, a disciplina Matemática e sua Didática (I, II e III) é desenvolvida em três semestres, com a finalidade de formar o futuro professor para trabalhar com noções matemáticas com as crianças à luz das pesquisas sobre desenvolvimento e aprendizagem, bem como dos novos conhecimentos a respeito da Didática da Matemática. As ementas dos cursos são as seguintes:

E6

Caracterização da área de Educação Matemática. A construção do conceito de número pela criança. A produção de notações na criança. Números e sistema de numeração. O histórico dos sistemas de numeração. As diferentes funções do número. As operações fundamentais e seus diferentes significados (Teoria dos Campos Conceituais).

E7

Cálculo mental e escrito. Cálculo exato e aproximado. Uso de calculadora. A resolução de problemas. O recurso à história da Matemática. O uso de jogos. Grandezas e medidas. Espaço e forma. Figuras tridimensionais e bidimensionais. Simetrias. Níveis de Van-Hiele e o ensino de geometria.

E8

Estudo de grandezas e medidas. Grandezas geométricas: áreas e perímetros. Tratamento da informação. Organização e planejamento de projetos de trabalho e de atividades seqüenciais referentes à Matemática.

Na outra instituição, encontramos um conjunto de três disciplinas, referentes a três semestres, que nos chamaram a atenção pela similaridade com os eixos propostos por Shulman (1986). São elas:

E9

A Matemática como objeto de estudo. Nessa disciplina, segundo o documento da instituição, a proposta é discutir o papel da Matemática nas sociedades contemporâneas, a visão geral da História da Matemática: a Matemática prática, empírica, como ciência teórica, a Matemática contemporânea, as idéias centrais da Aritmética, da Álgebra, da Geometria, da Estatística, da Combinatória e da Probabilidade.

E10

O ensino de Matemática no contexto escolar. Nessa disciplina, propõe-se a discussão sobre a trajetória dos currículos de Matemática e as características da Matemática escolar.

E11

Conteúdos matemáticos e sua didática. Nessa disciplina, são abordados aspectos didáticos dos principais conteúdos matemáticos a serem ensinados na escola fundamental: números e operações, grandezas e medidas, espaço e forma, tratamento da informação.

Considerações finais

O estudo de documentos elaborados por órgãos normativos e instituições formadoras, o exame de alguns materiais didáticos utilizados pelas instituições formadoras, ao longo do tempo, e a análise de grades e ementas de algumas instituições formadoras de professores polivalentes nos permitem fazer algumas considerações.

A primeira delas é a de que, desde a criação do Curso Normal, não há efetiva presença de disciplinas destinadas ao tratamento dos conhecimentos matemáticos, nas três vertentes propostas por Shulman, nos cursos que formam professores polivalentes.

Como verificamos, no início do século XX, os conteúdos matemáticos propostos para serem ensinados aos estudantes do Curso Normal eram as quatro operações fundamentais com números naturais e racionais na forma fracionária, algumas noções de medidas, de proporcionalidade, incluindo porcentagem, regra de três e juros, programação do Curso Primário. Com o passar dos anos, a situação foi se modificando e os cursos abandonaram essa proposta. Constatamos que, em alguns momentos da história, sequer havia a disciplina de Matemática nos cursos de formação de professores.

O conhecimento 'de e sobre' Matemática é muito pouco enfatizado, mesmo no que se refere aos conteúdos previstos para serem ensinados aos alunos dos anos iniciais do Ensino Fundamental, principalmente os relacionados a blocos como grandezas e medidas, espaço e forma e tratamento da informação.

Conseqüentemente, é possível considerar que os futuros professores concluem cursos de formação sem conhecimentos de conteúdos matemáticos com os quais irão trabalhar, tanto no que concerne a conceitos quanto a procedimentos, como também da própria linguagem matemática que utilizarão em sua prática docente. Em outras palavras, parece haver uma concepção dominante de que o professor polivalente não precisa 'saber Matemática' e que basta saber como ensiná-la.

Outro fato que chama a atenção, ao longo do tempo, é o de que a produção de livros e materiais didáticos destinados à formação matemática dos professores polivalentes tem sido bastante restrita. É muito recente a publicação de alguns materiais com essa finalidade, em especial aqueles que buscam divulgar pesquisas na área de Educação Matemática.

Em resultado disso, os futuros professores têm poucas oportunidades de construir competências que lhes permitam analisar processos de aprendizagem dos alunos, suas dificuldades, propor e analisar situações didáticas, avaliar o desempenho dos alunos e a própria prática docente.

A partir de nossa análise, também podemos conjecturar que as reflexões sobre o desenho, o desenvolvimento e a avaliação das organizações curriculares também são pouco valorizadas ao longo da história, contribuindo para deixar o professor polivalente à margem dessas discussões. Assim, as tarefas de proposição e de gerenciamento do currículo de Matemática, na educação infantil e nos anos iniciais do Ensino Fundamental, em termos de definição de objetivos, de seleção e organização de conteúdos adequados à consecução dos objetivos, de formulação de situações de aprendizagem que considerem as especificidades dos alunos e da realidade em que se inserem, acabam sendo 'decididas' por coordenadores, assessores e, na maior parte das vezes, pelo livro didático adotado.

Estabelecendo um paralelo com as considerações que fizemos no final do capítulo precedente, podemos ainda presumir que, ao longo dos diferentes períodos analisados, as propostas de formação, baseadas na apresentação de modelos de atividades, pouco contribuíram para a construção de um conhecimento profissional dinâmico e contextualizado para ensinar Matemática. As discussões sobre estilos de aprendizagem dos alunos, seus interesses, suas necessidades e eventuais dificuldades e a gestão de sala de aula, dentre outros temas, estiveram ausentes.

Ao finalizar o presente capítulo, vemos reforçado o desafio da identificação de conhecimentos ligados à disciplina (ou às disciplinas, no caso dos polivalentes) necessários ao professor que vai ensiná-la e, em particular, os que se referem à Matemática. No próximo capítulo, vamos analisar um curso de formação de professores polivalentes, buscando identificar a presença de conteúdos matemáticos, de conhecimentos didáticos sobre esses conteúdos e os conhecimentos dos currículos de Matemática.

(capítulo 3) **A ANÁLISE DA FORMAÇÃO MATEMÁTICA, NUM CURSO DE FORMAÇÃO DE PROFESSORES POLIVALENTES**

Haverá uma parte da formação inicial em Matemática que é sobre Matemática e não apenas sobre como ensiná-la e que – para um futuro professor – poderá ser muito importante na relação que ele estabelece enquanto aluno.
Paulo Abrantes, em comunicação pessoal para Eduardo Veloso (abril 2003).

Introdução

No capítulo anterior, mediante a análise de grades e ementas de cursos de formação inicial de professores dos anos iniciais do Ensino Fundamental, relativamente à área de Educação Matemática, construímos um conjunto de indicações que permitiram delinear um panorama amplo de como vem sendo organizada a formação inicial de professores polivalentes no Brasil e, em especial, como está contemplada a formação matemática nesses cursos.

Ao definirmos nosso problema de pesquisa e os procedimentos metodológicos que utilizaríamos na investigação, tínhamos como proposta não apenas delinear o panorama mais global da formação de professores polivalentes, mas também pesquisar uma formação particular e seus impactos. As possibilidades de escolha incluíam cursos em que atuamos como docentes e um curso integrante de um programa especial de formação de professores no Estado de São Paulo, ao longo dos anos de 2001 e 2002, denominado PEC – Formação Universitária, em que tivemos uma participação, compartilhada com muitos outros formadores. Esse fato foi decisivo para a escolha, exatamente em razão de ter sido concebido e executado com a contribuição de várias pessoas, provavelmente com visões diversas sobre a formação de professores. Também consideramos como elementos para essa opção a possibilidade do acesso a documentos relativos ao projeto e de realização de entrevistas com alunos-professores que dele participaram, além da oportunidade de coletar produções escritas elaboradas por eles e de analisar *portfolios* organizados no decorrer do curso.

O PEC – Formação Universitária foi organizado pela Secretaria de Estado de Educação de São Paulo, em parceria com a Universidade de São Paulo – USP, a Universidade Estadual Paulista Júlio de Mesquita Filho – Unesp e a Pontifícia Universidade Católica de São Paulo – PUC/SP, e visava à formação, em nível superior, de 7 mil professores em atuação na rede pública estadual. Desse modo, embora tratando-se de professores com experiência, a formação em nível superior poderia ser caracterizada como inicial.

A formação relativa à Matemática, nesse programa, totalizou cerca de 132 horas presenciais (9% da carga horária total de 1.408 horas presenciais) e 48 horas das chamadas Vivências Educadoras, correspondentes ao estágio supervisionado.

Neste capítulo, apresentaremos algumas informações básicas sobre a estruturação do programa, os entraves identificados ao longo de seu desenvolvimento, mas nos dedicaremos principalmente à análise do material que foi elaborado para subsidiar a formação na unidade de Matemática.

A finalidade do Projeto PEC – Universitário

De acordo com documentos da Secretaria de Estado de Educação de São Paulo – SEE, o PEC – Formação Universitária surgiu da decisão de capacitar e certificar professores em atuação na rede pública estadual de São Paulo. Em 2001, o Estado de São Paulo possuía cerca de 42% de docentes efetivos que lecionavam nas séries iniciais do Ensino Fundamental, dos quais 26.000 tinham uma formação em nível superior e 12.400, formação em nível médio. A SEE organizou o PEC – Formação Universitária, oferecendo vagas a 7.000 professores, desde que fossem efetivos na rede pública estadual. Esse contingente representava cerca de 58% do total de professores efetivos com formação em nível médio.

No Projeto Básico do Programa declara-se a intenção de tomar como referência as Diretrizes Curriculares Nacionais para o Ensino Fundamental, os dispositivos expedidos pelos conselhos Nacional e Estadual de Educação e os princípios da Política Educacional da Secretaria do Estado de Educação.

Analisando o documento Projeto Básico do Programa, identificamos a proposta de organização curricular do curso de formação, em que destacamos um ponto que tem especial interesse para nossa investigação:

Priorizar o domínio dos objetos sociais do conhecimento e sua transposição didática implica em possibilitar aos professores novas experiências nas quais eles sejam convidados a conhecer com profundidade e transformar os saberes socialmente construídos em objetos de ensino e aprendizagem. Essa profundidade em relação aos conhecimentos relativos às áreas curriculares é algo indispensável, dado que o domínio desses objetos é necessário para que o professor possa pensar com mais autonomia em diferentes possibilidades de planejar e orientar sua prática. Tal ênfase e a forma pela qual ela se concretiza na proposta curricular do PEC – Formação Universitária é uma das características essenciais da presente proposta.

Em outro trecho observamos a explicitação da necessidade da articulação teoria–prática, a valorização do exercício da docência, o desenvolvimento de competências profissionais e a importância da pesquisa na formação do professor:

> A dimensão da pesquisa na formação do professor deve garantir o desenvolvimento de uma postura de investigador que leve à reflexão sobre sua ação cotidiana.

A estrutura do PEC – Universitário

O programa de formação do PEC – Universitário compôs-se de atividades presenciais, mas com forte apoio de mídias interativas. Os grupos de alunos-professores foram estruturados por proximidade de atuação profissional, ou seja, reuniram-se alunos-professores que trabalhavam na mesma escola ou em escolas próximas.

O PEC – Formação Universitária foi desenvolvido em quatro módulos compostos por temas e unidades, além de um módulo introdutório de capacitação em informática com duração de 50 horas. Diferentes atividades de formação foram propostas para serem desenvolvidas articuladamente, de modo a dar consistência à proposta pedagógica, descritas a seguir:

- Videoconferências (VC) que ocorrem duas vezes por semana, com duração de 4 horas cada, ministradas por docentes (mestres ou doutores) indicados pelas universidades.

- Teleconferências (TC) que ocorrem a cada quinzena, com duração de duas a quatro horas, ministradas por convidados indicados pelas universidades.

- Trabalho Monitorado (TM), com uma carga horária de 12 a 16 horas semanais que abrangem três tipos de atividades: sessões 'on line', sessões 'off line' e sessões de suporte. As sessões de TM 'off line', orientadas pelo tutor e estão programadas para orientar o trabalho de sala de aula. A proposta prevê momentos de simulação da prática, questionamentos, reflexões docentes, desenvolvimento de sistematizações, produções diversas. As sessões de TM 'on line' são orientadas por professores assistentes e têm o objetivo de possibilitar a interação com os assistentes virtuais, via Internet, a partir de protocolos de trabalho previamente estabelecidos. As sessões de TM destinadas ao suporte que ficavam a cargo dos alunos-professores têm a finalidade de otimizar seu tempo disponível em atividades dentro ou fora do programa, que podem ser de caráter individual ou coletivo, possibilitando que os alunos-professores administrem seu próprio processo de formação.

• Estudos independentes e trabalhos de síntese em forma de atividades que percorrem todo o programa, sob a supervisão de orientadores acadêmicos indicados pelas universidades.

• Vivências Educadoras (VE) que devem distribuir-se durante todo o desenrolar do programa de formação, com ênfases diferenciadas e complementares, ampliando os horizontes de trabalho e permitindo uma prática reflexiva a partir do encontro com a teoria.

Paralelamente a essas atividades estavam previstas oficinas culturais com a finalidade de ampliar o horizonte cultural dos alunos-professores, tanto no que diz respeito aos diferentes usos da leitura e escrita como às várias manifestações artísticas. Os alunos-professores também deveriam realizar um trabalho de conclusão de curso orientado por um professor do corpo docente da universidade. O Anexo G descreve o Módulo 2 de formação para a docência escolar e o Tema 5 – Matemática.

Em termos de avaliação, o projeto indicava duas dimensões: uma referente à análise do programa e do seu impacto no contexto da prática educativa dos alunos-professores nas escolas em que exerciam sua docência; outra relativa às aprendizagens dos alunos-professores ocorridas no decorrer do curso quanto aos objetivos propostos. Os instrumentos de avaliação utilizados incluíam memoriais descritivos, diários, *portfolio*, relatórios, entrevistas, além de provas. Diversificando os instrumentos, o projeto pretendia que os alunos-professores vivenciassem, em sua formação, situações semelhantes àquelas que poderiam organizar na sua prática profissional para avaliar seus alunos.

Cada módulo do projeto foi organizado em função de um eixo temático, como mostra a tabela a seguir.

A matemática e os professores dos anos iniciais 75

Tabela 1 – Eixos temáticos e carga horária de cada módulo

Módulos	Eixo temáticos	Carga horária
Módulo introdutório	Capacitação em informática	50 horas
Módulo 1	O PEC – Formação Universitária e as dimensões experiencial, reflexiva e ética do trabalho do professor	116 horas
Módulo 2	Formação para a docência escolar, cenário político educacional atual, conteúdos e didáticas das áreas curriculares	1.062 horas
Módulo 3	Currículo: espaço e tempo de decisão coletiva	112 horas
Módulo 4	Escola: um elo na rede da sociedade do conhecimento	68 horas
Total		1.408 horas

O total de horas de formação previstas no projeto era de 2.800, incluindo 800 provenientes do exercício profissional. O documento apresenta a distribuição das horas de formação nas atividades propostas: 1.408 horas destinadas às atividades presenciais e Trabalhos Monitorados, 400 horas dedicadas às Vivências Educadoras, 192 horas direcionadas às Oficinas Culturais, 800 horas relativas ao exercício profissional decorrentes do trabalho desenvolvido nas unidades escolares.

O Grupo de Trabalho de Matemática e sua atuação no PEC – Formação Universitária

O Tema 5 – Matemática foi organizado por um Grupo de Trabalho – GT, composto por representantes das três universidades paulistas envolvidas no projeto[22]. Um representante do Grupo Gestor do Projeto acompanhou todo o desenvolvimento do trabalho do GT de Matemática e registrou em atas as decisões tomadas e as propostas apresentadas. É com base na con-

---

22 Os especialistas que participaram do GT de Matemática nesse projeto eram Vinício de Macedo Santos (USP), Nelson Antonio Pirola (Unesp), Mara Sueli Simão Moraes (Unesp), Célia Maria Carolino Pires (PUC/SP), Edda Curi (PUC/SP) e a pedagoga Regina de Nigris (PUC-SP). O GT de Matemática reuniu-se 28 vezes durante um período de sete meses para conceber, discutir e elaborar o material do curso de Matemática, respeitando a metodologia e os tipos de atividades propostas no Projeto Básico de Formação. Cada uma das reuniões do GT de Matemática era mediada por um representante do Comitê Gestor que organizava a ata de memória da reunião.

sulta dessas atas, disponibilizadas pelo representante do Grupo Gestor, que descrevo, na seqüência, o trabalho desenvolvido nesse GT.

Entre as atribuições do GT constavam a elaboração do material de apoio a ser fornecido aos alunos-professores, a discussão e aprovação dos temas das teleconferências, a indicação dos formadores que as desenvolveriam, a organização de momentos presenciais de formação e a elaboração de textos para a formação dos tutores, a elaboração das questões da avaliação, a organização das atividades destinadas ao *Learning Space*[23] e a seleção de bibliografia para aprofundar os conhecimentos matemáticos dos alunos-professores.

A análise das atas das memórias das reuniões do GT de Matemática indica ainda que, para os integrantes do GT, a finalidade das Vivências Educadoras – VE era proporcionar a ampliação dos horizontes de trabalho dos alunos-professores, a partir da análise da prática, tendo como ponto de partida as teorias estudadas. Outra decisão do GT foi distribuir as Vivências Educadoras ao longo do tempo do trabalho com o Tema 5.

O GT de Matemática teve o cuidado de subsidiar os tutores para o desenvolvimento do trabalho e, para tanto, além do material impresso destinado aos alunos-professores, foram disponibilizadas orientações complementares na Internet, tendo em vista que os tutores não eram especialistas em Matemática ou em Educação Matemática. A preocupação com a falta de formação específica em Matemática por parte dos tutores levou o grupo a sugerir que as videoconferências fossem conduzidas preferencialmente por educadores matemáticos.

Cabe destacar que os especialistas integrantes do GT organizaram um material específico para orientação dos tutores, discutindo a metodologia de formação e as estratégias que poderiam ser usadas. A título de exemplo, reproduzimos uma parte do texto elaborado pelos especialistas de Matemática, destinado às orientações aos tutores. Nesse trecho podem ser observados os comentários dos especialistas sobre as concepções e as finalidades do material destinado aos alunos-professores.

As orientações que se seguem têm como finalidade apresentar as concepções que orientaram a organização e a elaboração deste material. Como você sabe, são muitas as maneiras de se conceber a presença da Matemática na formação dos professores dos ciclos iniciais do Ensino Fundamental e, também, muitas as formas de se compreender e realizar o seu ensino. Nossa opção foi a de provocar a reflexão não apenas sobre conceitos, procedimentos e atitudes a serem ensinados,

---

23 Atividades interativas realizadas via on-line com supervisão de um especialista.

mas também sobre questões de natureza didática, presentes no trabalho desses professores. Assim, você vai observar que em cada unidade serão discutidas questões relacionadas à organização curricular, à história do ensino de conteúdos matemáticos, a aspectos metodológicos e didáticos, à seleção e à organização de conteúdos importantes para a constituição de competências e habilidades dos alunos dos anos iniciais.

Outra parte do mesmo texto revela as orientações aos tutores para o trabalho com *portfolio* e memórias e com o registro das VE.

Ao longo do trabalho com Matemática, os alunos-professores vão organizar o seu *portfolio*, reunindo atividades acumuladas nesse período e que atestam competências por meio da construção de um produto seu. O *portfolio* é um elemento importante para avaliar todo o processo de formação. No *portfolio*, os alunos irão colocando os textos que produzem, as sínteses das discussões feitas no grupo, as súmulas de entrevistas e de observações realizadas, as dúvidas, os questionamentos, textos que não constam do material, mas que lhe parecem muito significativos, fotos, imagens etc.

As memórias escritas ao longo do curso e o produto da Vivência Educadora também devem compor o *portfolio*. A sua intervenção, como tutor, não deve ser a de impor um modelo de *portfolio*, mas sim de incentivar a criatividade e estimular o desenvolvimento de capacidades de análise, reflexão, argumentação e síntese, entre outras. Também é importante que você oriente os alunos-professores a respeito das atividades propostas como Vivência Educadora, incentivando-os na realização de tarefas.

No texto de orientação aos tutores relativos à Unidade 5.5 (Geometria), verificamos que as diretrizes procuram subsidiar os tutores com relação a conteúdos de geometria desenvolvidos.

São apresentadas planificações de prismas e pirâmides. O cubo e o paralelepípedo retângulo não vêm com a denominação 'prismas'. A partir da identificação das características dos prismas, os alunos-professores deverão chegar à conclusão de que o cubo e o paralelepípedo retângulo são prismas.

O mesmo texto esclarece aos tutores que as dúvidas dos alunos-professores sejam discutidas com os especialistas que farão as videoconferências, o que dá indícios da necessidade de um formador com mais conhecimentos matemáticos para desenvolver esses conteúdos com os alunos-professores.

Este texto servirá para sistematizar algumas das discussões feitas a respeito dos prismas e pirâmides e, também, para propor uma discussão acerca de outros poliedros e dos sólidos de revolução (esfera, cone e cilindro). Os alunos-professores poderão ler o texto em grupos e discutir os principais conceitos apresentados. As dúvidas devem ser anotadas para serem levadas à videoconferência para discussão. É interessante que os alunos retomem as características que enumeraram para os prismas e pirâmides e comparem com aquelas fornecidas no texto para esses sólidos.

Ainda com relação às orientações para os tutores, destacamos algumas instruções metodológicas:

Nessa atividade, os alunos-professores deverão ler o texto (sugerimos que se faça uma leitura individual). No final, o tutor deve coordenar uma discussão geral sobre as principais idéias do texto estimulando os alunos-professores, sempre que possível, a identificar quais elementos do texto realmente se concretizam em suas aulas. O tutor deverá coordenar a apresentação, sistematizando as discussões.

Descrição do material do Tema 5 – Matemática

O material para o Tema de Matemática foi organizado em seis unidades, cada uma com uma temática definida pelo GT. Esses temas envolviam diferentes conteúdos – matemáticos, didáticos e curriculares – considerados importantes pelo GT para integrar a formação matemática dos alunos-professores. A ementa do Tema 5 encontra-se no Quadro 1.

Quadro 1: Ementa do Tema 5

Unidades de 1 a 6

5.1 Delineando o cenário...
- A Matemática que precisa ser ensinada nas escolas
- Análise dos resultados de desempenho dos alunos do ciclo 1
- Currículos propostos e currículos praticados

5.2 Conhecimentos prévios, hipóteses e erros
- A construção das escritas numéricas
- A importância do Sistema de Numeração Decimal
- As investigações recentes e suas implicações práticas

5.3 Contextualização, resolução de problemas e construção de significados
- Operações com números naturais e seus significados

- Situações problema e seu caráter desafiador
- O papel do cálculo na escola hoje: escrito e mental; exato e aproximado
- Ábacos e calculadoras

5.4 Demandas de novos tempos...
- O tratamento da informação
- Aspectos da contagem, da probabilidade e da estatística
- Recursos tecnológicos e Educação Matemática

5.5 Valorizando diferentes competências matemáticas: experimentar, conjecturar, representar, relacionar, comunicar, argumentar, validar...
- A construção de relações espaciais
- Composição, decomposição, ampliação e redução de figuras
- Geometria e arte

5.6 Conexões entre Matemática e cotidiano e entre diferentes temas matemáticos
- Grandezas e medidas
- Representação decimal dos números racionais
- Medidas de comprimento, de massa, de capacidade e de tempo

Na apresentação do Tema 5, a função pedagógica do material destinado à formação matemática dos alunos-professores é assim descrita:

> Pretende-se, portanto, que a abordagem de cada unidade tenha uma função pedagógica na formação do professor, de tal modo que independa do conteúdo específico nela tratado. Ou seja, as situações, exemplos e debates utilizados para ilustrar os diferentes temas podem estar associados a qualquer um dos blocos de conteúdos relevantes para os ciclos iniciais do Ensino Fundamental.

Analisando o material voltado à formação matemática dos alunos-professores, identificamos a preocupação com os conteúdos matemáticos, mas também com questões que dizem respeito diretamente ao trabalho do professor com essa área do conhecimento. Constatamos que as três vertentes apontadas por Shulman (1992) estão presentes, ou seja, os conhecimentos matemáticos, os conhecimentos da didática dos conteúdos matemáticos e também os conhecimentos curriculares.

A abordagem articulada das três vertentes torna-se possível na medida em que o grupo optou por temáticas definidas não somente pelos conteúdos a serem ensinados aos alunos das séries iniciais, mas pelo conjunto de idéias que envolvem os conhecimentos que sustentam a formação do professor. A título de exemplo, apresentamos um trecho da Unidade 5.5 referente à orientação dos tutores:

Entre as unidades do Tema 5, a Unidade 5.5 tem como enfoque principal a Geometria, enquanto conhecimento matemático, e o desenvolvimento de diferentes competências, enquanto abordagem didático-metodológica. Pretende-se proporcionar aos alunos-professores momentos de reflexão sobre o ensino e a aprendizagem dessa parte tão importante da Matemática – que, muitas vezes, fica relegada a um segundo plano na maior parte das escolas. Procuramos priorizar aspectos que dão possibilidades aos alunos-professores de refletirem sobre a sua prática em sala, assim como desencadear uma discussão sobre as diferentes competências matemáticas (experimentação, conjecturas, representação etc.) que podem ser desenvolvidas com as atividades matemáticas – e, no caso desta Unidade, envolvendo a Geometria.

Na seqüência, passamos a analisar de forma mais detalhada as seis unidades que compõem o material, tendo como referência os estudos de Shulman (1992) sobre os conhecimentos do professor.

Unidade 5.1

A Unidade 5.1 apresenta como objetivos: "inserir as questões relacionadas à prática dos professores em contextos mais amplos e servir como pano de fundo às demais unidades; proporcionar reflexões sobre o papel da Matemática no currículo do ensino fundamental; refletir sobre a influência de documentos oficiais e dos livros didáticos na atuação do professor; permitir momentos de análise e discussão dos objetivos e conteúdos propostos para o ensino fundamental, segundo orientações curriculares da SEE/SP, enfocando as diferentes dimensões dos conteúdos" (p. 1.031). Constatamos assim que a Unidade 5.1 trata de conhecimentos do âmbito curricular.

Dentre os textos que compõem essa unidade, expomos alguns trechos que discutem a importância dos documentos oficiais que trazem considerações sobre os currículos de Matemática e a respeito da necessidade de aprimorar o projeto curricular da unidade escolar:

> Os documentos oficiais, em geral, trazem considerações de diferentes tipos sobre a Matemática, sobre as finalidades do seu ensino, sobre os conteúdos a serem abordados em cada ciclo, sobre a forma segundo a qual esses conteúdos devem ser trabalhados e avaliados. Procuram estabelecer critérios para se ponderar sobre o que de Matemática é razoável trabalhar e como se deve trabalhar nas escolas. Por conter considerações desse tipo tais documentos podem influenciar diretamente a ação do professor na sala de aula na medida em que contribuam para acrescentar

ou reformular idéias do projeto individual desse professor ou do projeto da escola. Também podem influenciar a elaboração de livros didáticos e recursos pedagógicos a serem utilizados pelo professor.

O nosso trabalho profissional requer que sistematicamente procuremos refletir sobre o que fazemos, se alcançamos resultados satisfatórios na aprendizagem dos alunos e em que medida precisamos validar nossos conhecimentos de professores de matemática e aprimorar a qualidade do projeto curricular que orienta nossa ação.

A unidade apresenta um quadro com características dos documentos oficiais curriculares das décadas de 1970, 1980 e 1990[24]. Com base nesse quadro, podemos conjecturar a constituição de um ambiente de aprendizagem que oportuniza aos alunos-professores refletir sobre mudanças que acontecem nos currículos ao longo do tempo, sobre os motivos de tais mudanças, permitindo também traçar um paralelo entre o processo de ensino-aprendizagem que vivenciaram enquanto alunos do Ensino Fundamental e aquele em que atuam como professores.

No material, sugere-se que, para assistir à primeira videoconferência dessa unidade, os alunos-professores discutam antes o plano de ensino de Matemática de sua escola com seus colegas, tutor e videoconferencista, em função das leituras referentes às principais características das orientações curriculares para o ensino de Matemática.

A proposta de trabalho da Unidade 5.1 mobiliza também a constituição de conhecimentos pedagógicos de conteúdos matemáticos. Referimo-nos à tarefa proposta aos alunos-professores no sentido de analisar atividades realizadas por crianças como ponto de partida para a reflexão sobre a resolução de problemas, como um eixo metodológico das aulas de Matemática.

Esse tipo de atividade contextualizada no ensino, que envolve a produção de alunos dos anos iniciais do Ensino Fundamental, permite trazer a prática profissional 'para dentro' do curso de formação de professores e enriquece as relações teoria–prática que fundamentam a ação pedagógica do professor.

Ainda no interior dessa unidade, os alunos-professores são convidados a discutir um relatório do Saresp[25] que aponta o desempenho em Matemática dos alunos da escola. Essa atividade mobiliza também a reflexão sobre a organização curricular, uma vez que são apontados, por exemplo, alguns assuntos pouco trabalhados nos anos iniciais do Ensino

---

24 Guia Curricular de Matemática, Proposta Curricular de Matemática e Parâmetros Curriculares de Matemática, respectivamente.

25 Saresp – Sistema de Avaliação do Rendimento Escolar de São Paulo.

82 Edda Curi

Fundamental e a necessidade de incorporá-los na prática escolar. Tarefas como essa são importantes e vêm sendo enfatizadas por diferentes autores, como Cardenõso e Azcárate (2002), para quem o professor deve ter autonomia intelectual para analisar propostas de ensino e tomar suas próprias decisões quanto ao seu planejamento e à organização de propostas de ensino.

O último texto da Unidade 5.1, de autoria do professor Ubiratan D'Ambrósio, discute o papel da Matemática na formação do cidadão, a importância da resolução de problemas, o uso das tecnologias da informação e da comunicação etc. Os alunos-professores devem fazer a leitura do texto, destacando suas concordâncias ou discordâncias para apresentar durante a teleconferência proferida por ele. Além disso, solicita-se aos alunos-professores que comparem suas práticas usuais com as perspectivas assumidas pelo autor quanto à seleção de conteúdos, orientações metodológicas e concepção de avaliação. Esse tipo de atividade, certamente, teve a seu favor o fato de que os alunos-professores estavam em atuação, permitindo assim tratá-los na perspectiva apontada por Tardif (2002), no sentido de que os saberes profissionais dos professores são situados, ou seja, construídos e utilizados em função de uma situação de trabalho particular, e ganham sentido nessa situação.

Fizeram parte da bibliografia comentada[26], apresentada ao final desta primeira unidade, livros que tinham como finalidade ampliar as discussões propostas.

Unidade 5.2

A Unidade 5.2 contempla o conhecimento didático de alguns conteúdos matemáticos importantes para os professores das séries iniciais: os números naturais e o sistema de numeração decimal, com amplo destaque às pesquisas mais recentes sobre esses temas. Assim, foram selecionadas pesquisas realizadas por Lerner (1996), pelo grupo ERMEL (1991) e por Fayol (1996) sobre os conhecimentos das crianças a respeito dos números naturais, priorizando a análise de conhecimentos prévios delas com relação à escrita numérica e à leitura dos números e discutindo como esses conhecimentos interferem na aprendizagem.

Um ponto que nos chamou a atenção foi o 'confronto' que se procurou estabelecer entre os resultados apontados por pesquisadores com

---

26 Fizeram parte da bibliografia comentada da Unidade 5.1: D'AMBRÓSIO, U. *Educação Matemática: da teoria à prática*. Campinas: Papirus, 1997; PARRA, C.; SAIZ, I. (Org.). *Didática da matemática: reflexões psicopedagógicas*. Porto Alegre: Artes Médicas, 1996; PIRES, C. M. C. *Currículos de Matemática: da organização linear à idéia de rede*. São Paulo: FTD, 2000.

aqueles encontrados pelos alunos-professores na investigação que realizaram com seus alunos. Identificamos nessa proposta uma abordagem interessante a respeito do papel da pesquisa na formação de professores: por um lado, propiciando-lhes o conhecimento de pesquisas existentes sobre determinado tema e, por outro lado, a realização de investigações similares com seus alunos, comparando os resultados e levantando hipóteses a partir dessas comparações.

No texto que subsidiou a primeira videoconferência dessa unidade, nota-se uma sistematização das pesquisas sobre a construção das escritas numéricas, destacando um aspecto importante: a intervenção do professor para que as crianças possam avançar em suas aprendizagens.

Isso remete às observações de Blanco & Contreras (2002), quando sustentam que os saberes dos professores evoluem a partir da prática e de reflexões sobre a prática. Eles destacam o conhecimento do professor como de natureza dinâmica, argumentando que a prática, a reflexão sobre a prática e os processos de socialização dos saberes práticos permitem ao professor reconsiderar o conhecimento acadêmico, modificando-o ou reafirmando-o em parte.

Essa unidade é um exemplo da abordagem simultânea das três vertentes do conhecimento do professor propostas por Shulman (1992). Vejamos.

A unidade aborda o Sistema de Numeração Decimal, contemplando também uma abordagem histórica dessa importante construção matemática da humanidade, como mostra parte do texto-base da VC2:

Quadro 2 – Extrato do Texto base da Videoconferência 2

Lendo o texto-base da Videoconferência 2 e realizando os trabalhos propostos, você vai refletir a respeito de seus conhecimentos sobre o Sistema de Numeração Decimal. Leia-o e destaque aspectos, dúvidas, concordâncias e discordâncias que você gostaria de discutir ao longo da Videoconferência.

Texto: Os estudos da História da Matemática mostram que em diferentes civilizações foram construídas formas de representar o resultado de contagens e medições. Uma diversidade de símbolos e de regras foram criados por egípcios, babilônios, maias, romanos etc. Conhecê-los é importante para compreender o processo de construção do conhecimento matemático e, em particular, as regras do SND – Sistema de Numeração Decimal: base 10, valor posicional, presença do zero.....

Também as referências didáticas relativas à construção do número pelas crianças são destacadas na medida em que é proposta uma análise da trajetória histórica do ensino de números e do enfoque dado hoje a esse assunto, tomando por base diferentes investigações, como as de Fayol (1996) e Lerner (1996). Aliás, o uso da pesquisa como elemento importante da formação de professores é muito evidente nessa unidade, estimulando-os a realizar algumas entrevistas com seus alunos e a compará-las com investigações apresentadas.

Finalmente, pudemos verificar que a unidade mobiliza conhecimentos curriculares na medida em que explora trecho de um texto dos Parâmetros Curriculares Nacionais sobre o tema, propõe a análise de livros didáticos e culmina com a proposta de reflexão sobre as atividades realizadas nas escolas a respeito do tema números naturais.

Unidade 5.3

A Unidade 5.3 focaliza o conhecimento didático de um dos conteúdos matemáticos muito importantes nessa etapa da escolaridade, ou seja, as operações. A discussão sobre operações é feita a partir da reflexão sobre a resolução de problemas como eixo articulador do ensino da Matemática e sobre o tratamento dos conhecimentos matemáticos a partir de contextos significativos para os alunos. Explorando a trajetória histórica do trabalho com resolução de problemas, no decorrer dos últimos cinqüenta anos, o material instiga os alunos-professores a comparar o enfoque dado ao trabalho com resolução de problemas ao longo do tempo e a refletir sobre o assunto.

Especificamente com relação aos problemas que envolvem as chamadas 'quatro operações', o material toma como base pesquisas como as de Gérard Vergnaud (1991) e de Terezinha Nunes (2001) e estimula a socialização de resultados obtidos em investigações propostas a serem realizadas pelos alunos-professores sobre como seus alunos resolvem problemas dos campos aditivo e multiplicativo.

O material destaca as contribuições de Vergnaud (1990) sobre o campo aditivo e de Nunes (2001) sobre o campo multiplicativo e apresenta alguns quadros explicitando tipologias de problemas, baseadas nas categorizações desses autores, buscando fazer com que os alunos-professores identifiquem diferentes tipos de problemas do campo aditivo e, conseqüentemente, possam diversificar os problemas que formulam a seus alunos.

Há ainda uma solicitação no sentido de comparar os resultados obtidos pelos alunos-professores com os dados de uma pesquisa realizada em escolas públicas de São Paulo.

A Unidade 3 apresenta ainda uma discussão sobre os diferentes tipos de cálculo (escrito, mental, exato aproximado) e, também, a compreensão das técnicas operatórias e o uso da calculadora. Os alunos-professores são convidados à leitura de um texto de Cecília Parra (1996) que trata do ensino do cálculo mental, para depois organizarem uma seqüência de atividades com o objetivo de trabalhar com seus alunos. A proposta é socializar essas atividades com os colegas e alterá-las de acordo com as discussões que acontecerem durante a realização da atividade.

Essa unidade termina com a análise de livros didáticos. Consideramos que tal análise enfocando o ensino de determinado conteúdo e o estudo da trajetória histórica do ensino desse conteúdo permite ao futuro professor constatar coerências ou divergências entre as posições desses dois documentos, abordando dessa forma os conhecimentos do currículo de Matemática do segmento em que o futuro professor irá atuar.

Unidade 5.4

Essa unidade aborda conteúdos que provavelmente são bem menos conhecidos pelos professores, tanto do ponto de vista matemático como do ponto de vista didático. Certamente, a unidade tem como propósito subsidiar os alunos-professores no trabalho com o tratamento da informação, uma vez que é feita uma discussão sobre a inserção desse bloco de conteúdos no currículo.

Foram planejadas atividades que fazem uso do computador com o objetivo de que os alunos-professores pesquisem temas de combinatória, probabilidade e estatística, uso de calculadora e de computadores, indicando procedimentos que podem utilizar nessa pesquisa, de acordo com as características do *site* escolhido e a linguagem do computador. Selecionamos uma das atividades propostas a título de exemplo.

Em grupos, de acordo com a quantidade de computadores disponíveis, vocês vão explorar um *site* que contenha informações sobre Matemática e seu ensino que possam ser utilizadas por professores do Ensino Fundamental, especialmente aquelas relacionadas aos temas que estão sendo enfocados nessa Unidade: o Tratamento da Informação e aspectos da contagem, da probabilidade e da estatística e do uso de tecnologias informáticas no ensino de Matemática. Cada grupo irá selecionar um site. Na exploração do *site* é importante que vocês:

    • verifiquem os diferentes campos e o conteúdo do site, dando atenção àqueles relativos ao Ensino Fundamental;

    • analisem o seu conteúdo e concentrem-se na pesquisa de um tema do seu interesse que venha a subsidiar a Atividade 4; e

• façam registro das idéias pesquisadas que julgarem importantes para a realização das demais atividades dessa Unidade e para o trabalho em sala de aula.

Consideramos a importância dessa unidade pelo fato de proporcionar aos futuros professores a possibilidade de desenvolver sua autonomia na busca de informações sobre assuntos matemáticos que nunca estudaram. A exploração de *sites*, a análise dos conteúdos matemáticos neles apresentados e o registro das idéias importantes permitem que futuros professores entrem em contato com temas antes não estudados e aprofundem seus conhecimentos matemáticos sobre esses mesmos temas.

Na Unidade 5.4, o aprofundamento dos conhecimentos didáticos acerca dos temas focalizados fica evidenciado em três atividades em que os alunos-professores devem refletir sobre possíveis maneiras como seus alunos resolveriam alguns problemas, argumentar sobre possíveis respostas de alunos e também apresentar outras questões referentes às atividades propostas.

O aprofundamento dos conhecimentos curriculares nessa unidade é feito por meio de várias propostas de trabalho, sejam as de comparação das idéias desenvolvidas sobre tratamento da informação do material com as sistematizadas nos Parâmetros Curriculares Nacionais e a reflexão sobre a pertinência ou não das orientações desse documento oficial.

A partir das leituras propostas na unidade, os alunos-professores são convidados a elaborar uma seqüência de atividades para o trabalho com o tratamento da informação, cujo material apresenta um roteiro para subsidiar essa tarefa, e a apontar três objetivos para o ensino desse tema a seus alunos, argumentando sobre sua inclusão em seu plano de trabalho.

Entendemos que propostas de trabalho desse tipo contribuem para que os alunos-professores reflitam sobre sua intervenção no processo de desenvolvimento curricular, seja em termos dos objetivos do ensino de determinado conteúdo, ou das orientações didáticas, dos recursos didáticos, das interações horizontais e verticais, atendendo ao que Llinares (1994, 1996) define como conhecimento do processo instrutivo. O autor compreende como conhecimento do processo instrutivo o conhecimento sobre o planejamento do ensino, sobre as rotinas e os recursos instrucionais, sobre as características das interações entre os conteúdos e sobre as tarefas a serem realizadas.

Unidade 5.5

As atividades iniciais da Unidade 5.5, a qual focaliza a Geometria, procuram levantar conhecimentos prévios dos alunos-professores sobre o ensino de Geometria. Em seguida, o texto propõe uma comparação desses conhecimentos com as propostas para o ensino de Geometria apresentadas nos Parâmetros Curriculares Nacionais e com o que é realizado nas escolas.

Unidade 5.5 Tema 5 Módulo 2
ATIVIDADE – TM – OFF-LINE

Em grupo, você e os colegas vão responder às seguintes questões:
• Ensinar Geometria é importante? Por quê?
• Que atividades geométricas são importantes de serem realizadas nos anos iniciais do Ensino Fundamental?
C. Analise os objetivos e conteúdos conceituais e procedimentais propostos para o ensino de Geometria pelos PCNs. Compare com o que vocês responderam no item anterior e com o que é feito em sua escola.

Outra característica dessa unidade é que, além de tratar de conhecimentos geométricos, visa também a destacar competências matemáticas importantes, como argumentar, explorar relacionar, representar, comunicar e validar. Assim, um dos textos apresentados no material 'Experimentar, conjecturar, representar, relacionar, comunicar, argumentar, validar' tem a finalidade de estimular a discussão sobre cada uma dessas competências no desenvolvimento de atividades de Geometria destinadas a alunos dos anos iniciais do Ensino Fundamental.

Ainda na Unidade 5.5 há preocupação com a pesquisa na formação dos professores. O texto remete à publicação de uma investigação sobre a construção de noções geométricas pelas crianças. A sugestão é que os alunos-professores se organizem em grupos e cada grupo analise uma parte do livro, para depois socializar seus saberes. As pesquisas sobre o ensino de geometria ainda são enfocadas nessa unidade na leitura do texto a respeito do chamado "modelo Van Hiele", segundo o qual os alunos progridem numa seqüência de níveis de compreensão de conceitos e que esse progresso se dá pela vivência de atividades adequadas.

Unidade 5.6

A Unidade 5.6 trata de um tema integrador do currículo de Matemática: as grandezas e medidas, enfatizando conexões entre os conteúdos matemáticos abordados e entre eles e outras áreas do conhecimento. Mas a unidade não cuida apenas das grandezas e medidas, mas também da necessidade de utilizar 'números não-inteiros' em determinadas situações de medida, ou seja, trata de números racionais e suas representações. Além de conteúdos matemáticos, a unidade enfoca algumas pesquisas sobre o ensino dos números racionais, destacando as que apontam alguns dos obstáculos epistemológicos envolvidos na aprendizagem desse conteúdo. A prática da medição é discutida tomando por base o repertório construído pelas crianças.

Essa unidade contempla ainda uma análise de livros didáticos a ser realizada pelos alunos-professores, fornecendo para tanto um roteiro:

> Em grupos de quatro pessoas, analisem uma coleção de livros didáticos de Matemática dos quatro anos iniciais do Ensino Fundamental, buscando identificar como são tratados os assuntos referentes a grandezas e medidas e a números racionais. Para essa análise, utilizem o seguinte roteiro:
> • Que tipos de atividades são propostas com relação às grandezas e medidas?
> • As reflexões apresentadas no texto sobre o processo de medição são contempladas nas propostas feitas nos livros?
> • Como são apresentados os números racionais? Há maior ênfase no trabalho com as representações decimais ou fracionárias?
> • Há propostas de atividades que possibilitam a articulação de grandezas, medidas e números racionais?
> • A calculadora é proposta como recurso para discussão das representações decimais dos números racionais?

Vivências Educadoras

A atividade de Vivências Educadoras é apresentada com a finalidade de estabelecer relações entre teoria e prática. É importante salientar que essa formação envolve alunos-professores, ou seja, alunos que já estão inseridos na prática docente, muitos deles com larga experiência. Analisando a proposta contida no material, verificamos que ela se baseia num conjunto de atividades orientadas por um relatório de observação sobre o ensino de Matemática em uma escola do Ensino Fundamental. O material propõe uma discussão sobre as observações realizadas. Há também orientações a respeito da organização das informações e dos dados coletados e da análise preliminar desses dados.

Integra o rol de atividades das Vivências Educadoras assistir a uma teleconferência que tem como finalidade tematizar práticas observadas no trabalho de campo. O texto de apoio a essa teleconferência, reproduzido dos PCN do Ensino Fundamental, enfoca as relações entre o aluno e o saber matemático, entre o professor e o saber matemático e as relações aluno–aluno e professor–aluno. Ele possibilita aos alunos-professores a reflexão sobre as interações que ocorrem na sala de aula, regidas por um contrato didático.

Como culminância desse trabalho, o material propõe aos alunos-professores que discutam o papel da Vivência Educadora na sua formação profissional e façam uma avaliação dessas vivências.

O material proposto para as Vivências Educadoras permite aos alunos-professores momentos de reflexão a respeito do ensino-aprendizagem da Matemática nas séries iniciais do Ensino Fundamental, envolvendo três dimensões didático-pedagógicas – a gestão, o ensino e a aprendizagem de Matemática.

As Vivências Educadoras remetem os alunos-professores à articulação de questões teóricas aprendidas no desenrolar do curso àquelas próprias da sua prática didática. Durante a vivência os alunos-professores fizeram o planejamento, o desenvolvimento e a avaliação de uma atividade de pesquisa junto a uma escola, envolvendo o planejamento da pesquisa, a coleta de dados da pesquisa (entrevistas e observação de sala de aula), a análise dos dados coletados, a avaliação da Vivência Educadora, a elaboração do relatório, tendo como eixo central a proposta de ensino de Matemática desenvolvida na escola.

O material orientou para a importância do registro das observações realizadas durante todo o período de organização e desenvolvimento da Vivência Educadora, na organização de dados, nas interpretações/relações que foram estabelecendo, pois tais registros seriam de grande ajuda no momento da análise.

Memórias

Ao longo das quatro primeiras unidades, os alunos-professores foram convidados a reconstruir suas memórias e a explicitar suas relações com o ensino e a aprendizagem da Matemática. O material proposto solicitava que, ao final, os alunos-professores compusessem um *portfolio* de memórias e registros significativos do processo de formação, destacando também sua opinião a respeito do que estavam aprendendo no curso e suas preocupações com relação ao ensino e aprendizagem de Matemática.

Num primeiro momento, as atividades propostas envolvem as experiências da época de estudante com relação à Matemática, as influências que esses momentos tiveram na escolha profissional e na prática de sala de aula e reflexões sobre as experiências de alunos e de professores com referência à Matemática.

Na Unidade 2, são mobilizadas as lembranças dos alunos-professores no que concerne à aprendizagem de números, os primeiros contatos que tiveram com eles, que tipos de números lembram de ter estudado e ainda uma reflexão sobre a forma como trabalham esse conteúdo.

No material impresso, algumas questões orientam a escrita das Memórias.

A partir de suas lembranças como aluno das aulas de Matemática, responda:
• Como foram seus primeiros contatos escolares com os números?
• Além dos números naturais, que outros 'tipos' de números você lembra de ter estudado na escola?
• Você considera que trabalha de forma adequada as atividades numéricas com seus alunos?

Já na Unidade 3, rememorava-se o ensino das tabuadas e das operações, pedindo-se uma comparação entre o modo como aprenderam e o modo como ensinam esses conteúdos. Na Unidade 4, os alunos-professores relembravam os assuntos de Geometria que estudaram e faziam uma reflexão sobre a maneira como ensinam esse tema a seus alunos.

Uma análise das propostas e do material de Matemática do PEC – Universitário à luz de resultados de investigações e teorias sobre a formação de professores

Tendo participado do GT de Matemática desse projeto e das discussões que levaram às propostas expostas no item anterior, passamos a examiná-las, na seqüência, à luz de resultados de investigações e teorias sobre a formação de professores. Essa análise será focalizada, particularmente, tomando por base as três vertentes propostas por Shulman. Antes, porém, faremos uma análise mais global, quanto à concepção e ao desenho dessa formação, destacando os avanços e os entraves que se apresentaram.

Reflexões sobre a concepção e o desenho do PEC – Formação Continuada no que diz respeito ao trabalho do tema Matemática

Em primeiro lugar, consideramos muito interessante a proposta global do programa, no sentido de "priorizar o domínio dos objetos sociais do conhecimento e de sua transposição didática", buscando possibilitar aos alunos-professores novas experiências pelas quais pudessem participar da transformação de saberes socialmente construídos em objetos de ensino e aprendizagem. Como pudemos constatar na análise da trajetória histórica da formação de professores polivalentes, dar destaque ao estudo das áreas de conhecimento no processo de formação inicial não tem sido uma constante.

No entanto, a carga horária do tema Matemática, de 180 horas, parte integrante do Módulo 2, concentrada em cerca de seis semanas consecutivas, não foi um fator favorável para que os alunos-professores pudessem fazer uma reflexão mais aprofundada dos assuntos tratados e menos ainda para buscar transformar sua prática, a partir da apropriação das idéias veiculadas no curso que realizam. De todo modo, vale lembrar que, nos cursos 'regulares', disciplinas semestrais de 2 horas/aula semanais totalizam de 36 a 40 horas/aula. Assim, embora concentrada em torno de seis semanas, a carga horária de 180 horas destinada à unidade de Matemática pode ser considerada significativa.

Um fator que precisa ser salientado é a quantidade de alunos-professores envolvidos, o que trouxe a necessidade de recorrer a um grande número de formadores e aos recursos multimídia. Nas videoconferências, por exemplo, cada videoconferencista trabalhava, em média, com cinco grupos de alunos-professores, o que acarretava certa 'impessoalidade', que o projeto buscava sanar com a figura do tutor. Outro problema identificado era a alternância dos videoconferencistas ao longo do curso. Alguns tutores chegaram a declarar que, se esse formador especialista na área fosse o mesmo em todas as videoconferências, haveria maior possibilidade de estabelecimento de melhor interação entre ele e os alunos-professores.

O recurso usado no sentido de trabalhar com as memórias dos alunos-professores também encontra apoio em várias pesquisas sobre formação de professores. Blanco & Contreras (2002) entendem que, como conseqüência de sua experiência escolar, os estudantes vão gerando concepções e crenças relativamente à Matemática e seu ensino e aprendizagem e acerca deles mesmos com relação à Educação Matemática. Thompson (1992) sustenta que o conhecimento dos professores para ensinar Matemática está muito ligado às suas crenças e concepções sobre a Matemática e seu ensino. Serrazina (1999) destaca que as crenças e os pontos de vista não são de domínio consciente por parte dos professores e, portanto, não são acessíveis para eles, nem mesmo para os formadores. Desse modo, a autora considera fundamental o processo de reflexão durante os cursos de formação de professores, pois permite aos futuros professores reavaliar suas crenças. Ela afirma que, muitas vezes, o futuro professor passa pela escola de formação sem modificar sua visão inicial sobre a Matemática e seu ensino, deixando intactas suas crenças.

Algumas atividades apresentadas no decorrer das unidades permitiram a explicitação de crenças dos alunos-professores, como a Atividade 2, proposta na Unidade 5.5, na página 1.178.

> Escreva numa folha de papel todas as idéias que lhe vêm à mente quando se fala em Geometria...

O trabalho proposto no interior das diferentes unidades, como nas Vivências Educadoras, está em consonância com o que diferentes autores têm destacado. García (2003), por exemplo, assume claramente que existe uma relação entre o conhecimento matemático do professor e as situações e atividades nas quais esse conhecimento é usado. Ela afirma que os conhecimentos gerais que o professor tem da Matemática devem ser utilizados na organização e na estruturação de tarefas concretas preparadas para estudantes específicos que, naquele momento, são seus alunos e que devem ter tarefas organizadas e dirigidas a eles em particular, e não a alunos hipotéticos. A característica do público-alvo dessa formação, ou seja, o fato de serem alunos-professores facilitava essa proposição de trabalho contextualizado.

O recurso usado nas Vivências Educadoras de elaboração de relatórios permitiu a produção de conhecimentos. O professor produz conhecimento quando elabora um relatório. Os relatórios da Vivência Educadora proporcionaram, a partir de um entendimento melhor da realidade em que os alunos-professores atuavam, a compreensão mais ampla do próprio exercício da profissão, por meio da análise de diferentes contextos, o que possibilita a criação de estratégias de intervenção mais adequadas às situações de ensino e aprendizagem.

Reflexões sobre os conhecimentos matemáticos nas três vertentes de Shulman

Como já vimos, uma das vertentes no conhecimento do professor, quando se refere ao conhecimento da disciplina para ensiná-la, é, segundo Shulman, o conhecimento do conteúdo da disciplina. Concordando com essa idéia, Ball (1991) defende que os professores devem ter conhecimentos de conceitos e procedimentos matemáticos, compreendendo os significados em que se baseiam os procedimentos matemáticos e as conexões entre idéias matemáticas.

Uma primeira análise do Quadro 1 nos leva a uma avaliação favorável quanto aos conteúdos abordados, no espaço de tempo oferecido pelo projeto e pela diversidade dos assuntos: sistema de numeração decimal, operações com números naturais e seus significados, cálculo escrito e mental, cálculo exato e aproximado, relações espaciais, composição e decomposição de figuras, ampliação e redução de figuras, geometria e arte, grandezas e medidas, representação decimal dos números racionais, medidas de comprimento, de massa, de capacidade, de tempo e de superfície. No entanto, o estudo de cada um desses temas desdobra-se numa rede de conceitos e procedimentos, de que nem o material escrito nem as discussões com tutores e videoconferencistas poderiam dar conta. É o caso, por exemplo, do tratamento de conteúdos geométricos e dos conteúdos referentes a estatística, combinatória, probabilidade, geralmente bastante desconhecidos dos professores.

De qualquer forma, consideramos que o material produzido traz contribuições importantes, na medida em que procura tematizar o conhecimento da Matemática, levando em conta a perspectiva de quem vai ensiná-la, destacando as finalidades do seu ensino e as vinculações necessárias e possíveis entre a Matemática a ser tratada na sala de aula e as situações enfrentadas no dia-a-dia, que envolvem conhecimentos matemáticos.

Com relação à outra vertente do conhecimento do professor, ou seja, o conhecimento didático do conteúdo da disciplina, proposta por Shulman (1986), avaliamos que o material conseguiu contemplar diferentes questões de natureza didática. Assim, as discussões recentes sobre os conhecimentos prévios dos alunos, as hipóteses que formulam, o papel construtivo dos erros estão presentes no material quando é feita a abordagem da construção das escritas numéricas. O material dá especial atenção à divulgação de pesquisas na área da Educação Matemática e às suas implicações práticas. Assim, resultados de pesquisas como as de Lerner (1996) e Fayol (1996) sobre as escritas numéricas, ou das investigações de Vergnaud (1990) sobre os campos conceituais aditivo e multiplicativo, e também teorias como a dos Van Hiele (1986) para o ensino de Geometria, são destacados no material, possibilitando fundamentações mais consistentes para orientações didáticas sobre o ensino de conteúdos matemáticos dos anos iniciais do Ensino Fundamental.

Outras discussões que estão na ordem do dia, como a idéia da contextualização, a de resolução de problemas, a incorporação de recursos tecnológicos ao ensino de Matemática, o estabelecimento de conexões entre conteúdos matemáticos e cotidianos e entre diferentes temas matemáticos, também foram estimuladas pelo material e abordadas nas videoconferências e teleconferências. No entanto, a partir dessas idéias amplas, não houve um aprofundamento do modo como conteúdos específicos podem ser apresentados em situações de ensino, como propõe García (2003).

Finalmente, relativamente à terceira vertente do conhecimento do professor, ou seja, o conhecimento do currículo da disciplina, de acordo com Shulman (1986), o material, especialmente em sua primeira unidade, coloca em debate questões essenciais como 'que Matemática que precisa ser ensinada nas escolas' e coteja currículos propostos e currículos praticados. Também a análise de resultados de desempenho dos alunos do ciclo I do Ensino Fundamental, no Saresp, é outra atividade que possibilita a realização de um exame crítico do trabalho que vem sendo desempenhado nas escolas, com implicações para a organização curricular.

No entanto, seria desejável também um aprofundamento dos conhecimentos sobre o planejamento do ensino, sobre as rotinas e recursos instrucionais, sobre as características das interações entre os conteúdos matemáticos e sobre as tarefas a serem realizadas, como propõe Llinares (1994, 1996). Outro ponto que mereceria maior atenção, especialmente pelo fato de a formação ser destinada a professores polivalentes, refere-se a como os conteúdos matemáticos se relacionam com outras partes do currículo, proposta defendida por autores como García & Sanchez (2002) e García (2003).

Avaliamos que os estudos que envolvem o currículo permitem desenvolver atitudes de maior segurança aos alunos-professores, evidenciando a importância de uma participação mais ativa que eles devem ter no processo de seleção e de organização dos conteúdos, das escolhas didáticas e metodológicas e dos processos de avaliação. Essa posição é defendida por Serrazina (1999), para quem os professores que ensinam Matemática precisam ter uma noção clara de todo o currículo de Matemática, do ciclo em que atuam e das idéias matemáticas fundamentais que podem ser trabalhadas com seus alunos.

Concordamos com Almeida (2002) que afirma que na formação de professores o fundamental é ter um projeto bem definido. Sustenta que o primeiro ponto é a definição dos objetivos e dos conteúdos formativos. Segundo a autora estes devem envolver tanto os conteúdos relacionados com a área de especialização como os relacionados com os fundamentos da educação. A autora enfatiza também os relacionados com o domínio da comunicação, da organização da aprendizagem, que devem referir-se às formas que o professor vai empregar para tornar os conteúdos possíveis de serem aprendidos pelos alunos, ou seja, o 'como ensinar'. Almeida (2002) refere-se ainda à inclusão da pesquisa, no sentido de estimular o futuro professor a ser um investigador da própria prática. E, por último, reforça a idéia de entrelaçamento entre os objetivos, conteúdos e procedimentos formativos.

(capítulo 4) CRENÇAS E ATITUDES DAS ALUNAS-PROFESSORAS REVELADAS EM SUAS PRODUÇÕES

A educação é a construção e a reconstrução de histórias pessoais e sociais; os professores e alunos são narradores e personagens das suas próprias histórias e das de outros (CONNELY e CLANDININ, 1999).

Introdução

No capítulo precedente descrevemos e analisamos uma proposta de formação de professores polivalentes – o PEC Universitário – organizado pela Secretaria Estadual de Educação de São Paulo, em parceria com a Universidade de São Paulo – USP, a Universidade Estadual Paulista Júlio de Mesquita Filho – Unesp e a Pontifícia Universidade Católica de São Paulo – PUC-SP, visando à formação, em nível superior, de 7 mil professores em atuação na rede pública estadual.

No capítulo anterior, destacamos que uma das motivações para a escolha desse projeto foi a possibilidade de acesso a documentos elaborados para a consecução do curso, a de realização de entrevistas com alunos-professores que dele participaram, além da oportunidade de coletar produções escritas elaboradas no decorrer do projeto.

Como já mencionamos, o material de Matemática dispunha de algumas atividades que possibilitaram problematizar as crenças dos alunos-professores relativamente ao ensino e à aprendizagem dessa área do conhecimento. Além disso, logo no início da formação em Matemática, havia a proposta de uma atividade de escrita de memórias do tempo de estudante com a finalidade de rememorar 'o que' e 'como' foi aprendida a Matemática. Essa prática se estendeu durante as quatro primeiras unidades do Tema 5.

Outra proposta do curso de Matemática foi a organização de *portfolio* que incluía narrativas de memórias do tempo de estudante, atividades propostas para serem realizadas com os alunos, reflexões sobre os textos apresentados no material, textos produzidos pelas alunas-professoras, projetos e relatos de pesquisas, reflexões, auto-avaliação, fotos, ilustrações etc. O *portfolio* é um registro importante do processo de construção de conhecimento das alunas-professoras, na medida em que é constituído em diferentes momentos da formação.

A possibilidade de acesso aos materiais descritos nos levou a contatar a coordenação do PEC – Universitário, relativa aos pólos da PUC, e solicitar a realização de nossa pesquisa.

Depois de autorizada, escolhemos um dos pólos, próximo da universidade, contatamos a tutora e agendamos uma reunião com a classe para convidar os alunos-professores a participarem de nossa pesquisa.

Na reunião com o grupo de alunos-professores, apresentamos os objetivos da pesquisa e formulamos o convite a todos, enfatizando que deveriam participar voluntariamente. Informamos que a identificação seria preservada (ou seja, seriam usados nomes fictícios) e que tínhamos autorização da coordenação para o desenvolvimento das entrevistas. Doze[27] alunas-professoras dispuseram-se a participar; as demais alegaram impossibilidade de comparecer às reuniões com a pesquisadora. Solicitamos a entrega do *portfolio* na primeira reunião agendada e o grupo concordou com nosso pedido.

---

27 Professoras que desenvolviam monografias com temas matemáticos e participaram desse grupo: Maria, Natali, Neli, Nilce, Sandi, Soraia, Verinha. As outras cinco alunas-professoras (Neide, Terezinha, Nilza, Anelise, Silviane) participaram das entrevistas, mas escreviam monografias sobre outros temas. Solicitamos autorização por escrito à coordenação do projeto para tornar públicas as entrevistas e as reflexões realizadas, disponibilizando-as em nossa tese de doutorado. As alunas-professoras possuíam conhecimento dessa autorização, mas optamos por usar nomes fictícios para todas as participantes da pesquisa.

As produções que compunham o *portfolio* não tinham uma estrutura fechada e as alunas-professoras se expressavam livremente, emitindo opiniões. O material que constava no *portfolio* era de natureza narrativa. A análise dessas produções permitiu explorar mais profundamente as relações que elas tinham com a Matemática, seu ensino e sua aprendizagem.

A respeito do uso de narrativas, é interessante destacar o ponto de vista de Connelly e Clandinin (1995-2000), para quem as narrativas, além de constituir-se em objetos a serem estudados pelo grupo, podem constituir-se em método de investigação. Segundo Connelly e Clandinin (1995), em suas narrativas, os professores produzem e socializam saberes relativos às experiências vividas, tanto passadas como presentes, tendo em vista a possibilidade futura de novas experiências. Embora as narrativas não sejam reproduções fiéis de acontecimentos vividos, pois elas incorporam uma reflexão sobre eles, os fatos vivenciados e narrados ocorreram num determinado tempo e lugar. Podem ter ocorrido em um curso já realizado, durante uma vivência profissional, em experiências do tempo de estudante ou mesmo em um único momento de uma aula em que tiveram contato com um determinado professor. Esses fatos podem ter ocorrido em lugares diferentes, na escola onde estudaram ou onde trabalham, na sala de aula, ou mesmo na universidade.

As leituras que fizemos sobre crenças, concepções e atitudes permitiram examinar as narrativas das alunas-professoras procurando identificar suas crenças e atitudes explicitadas nos materiais já referidos. Para proceder à análise dos dados, utilizamos como referenciais teóricos os estudos de Gómez-Chacón (2002) e Blanco & Contreras (2002).

Para Gómez-Chacón (2002) as crenças fazem parte do conhecimento no âmbito do domínio cognitivo, mas são compostas por elementos afetivos e sociais. Ela afirma que as crenças interferem nos conhecimentos dos professores. As características do contexto social têm forte influência sobre as crenças, na medida em que muitas se adquirem por meio de um processo de transmissão social. Segundo a autora as crenças do estudante no âmbito da Educação Matemática se categorizam em termos de objetos de crença: crenças sobre a Matemática, (o objeto), sobre ele mesmo e sobre o ensino de Matemática e ainda crenças sobre o contexto no qual a Educação Matemática acontece (contexto social).

Também para Blanco & Contreras (2002) as crenças influem nos conhecimentos dos estudantes para professor. Eles asseveram que crenças e atitudes relacionadas à Matemática funcionam como obstáculos quando professores se deparam com novas propostas curriculares.

Na escrita das alunas-professoras de suas memórias do tempo de estudantes, as lembranças faziam emergir relações que possuíam com a Matemática, com o que aprenderam de Matemática, com seus antigos professores, com o ensino de Matemática do seu tempo de estudante, apontando a influência dessas relações na sua prática profissional.

Após o exame inicial, organizamos o material em temas recorrentes, possibilitando a construção dos seguintes itens de análise: a influência do que pensavam a respeito de si mesmas como estudantes de Matemática na escolha profissional; a influência da Matemática que estudaram na seleção e organização de conteúdos que ensinam; a influência do que pensavam sobre si mesmas como boas ou más resolvedoras de problemas e sua atuação na prática profissional; a percepção de que a Matemática que aprenderam não servia para nada e o desejo de torná-la útil e prazerosa para seus alunos. Essa organização permitiu identificar crenças e atitudes das alunas-professoras com relação ao ensino e à aprendizagem de Matemática.

A influência do que pensavam a respeito de si mesmas como estudantes de Matemática na escolha profissional

A escrita de memórias das alunas-professoras denotava uma imagem de si mesmas bastante negativa enquanto estudantes de Matemática. A maioria sentia-se incapaz de aprender Matemática e afirmava que a Matemática "não era para elas".

> Eu não era aquela aluna assim dez na Matemática, sempre tive um pouco mais de dificuldade nessa área e também não tive muita sorte, eu acho como aluna com os professores, só no colegial que eu tive assim um professor que se dedicou um pouco mais a gente, que sabia passar melhor, demonstrar, no ginasial assim não foi muito bom o contato com a Matemática. No primário foi aquela seqüência né? Numerais, adição, subtração, aquela... Sabe, Matemática nunca foi a minha área, tenho traumas do lápis de tabuada (Natali).

Manifestavam uma idéia de fracasso com relação à aprendizagem de Matemática, o que gerava atitudes desfavoráveis em relação a essa área do conhecimento.

> Não tinha boas relações com a Matemática. Sempre fui 'ruim' em Matemática e sentia muito medo e vergonha. As atitudes negativas que minhas professoras transmitiam levavam a resultados não satisfatórios. Passei por várias escolas, mas

nunca consegui me identificar com a Matemática. Tinha medos e traumas, que me acompanharam por muito tempo (Maria).

Observamos nas narrativas que as alunas-professoras relacionavam a dificuldade em aprender Matemática com as atitudes de suas professoras ao ensinar tal disciplina. Elas consideravam suas professoras 'bravas'. Ressaltaram que, em razão de suas professoras serem exigentes, impacientes para ensinar, e manterem pouco diálogo, aumentavam suas dificuldades na aprendizagem em Matemática.

Como eu fui alfabetizada em Matemática, Deus me livre e guarde, a professora com uma régua na mão, se eu não soubesse tome reguada... Estou falando mentira? As colegas que têm a minha idade sabem disso, tinha campeonato de tabuada, tinha pânico de errar tabuada... pânico das aulas de Matemática... às vezes a gente sabia, mas não tinha nem coragem de falar o resultado... a gente sofria... (Silviane).

Gómez-Chacón (2002) afirma que os estudantes acreditam que a Matemática é criada por pessoas inteligentes e criativas e que outras pessoas têm que aprender o que os mais inteligentes já sabem. É por isso que julgam que a autoridade nas aulas está no professor e no livro-texto, donos do conhecimento matemático. As professoras desse grupo mostraram que se sentiam 'pouco inteligentes' e dependentes de livros e de outras pessoas para aprender e ensinar Matemática. A imagem que elas tinham de sua incapacidade para aprender Matemática era muito forte.

Oito das alunas-professoras sustentaram que a sua relação com a Matemática influenciou sua escolha profissional; algumas acrescentaram que, embora não houvesse interferência na opção pela carreira, não escolheriam a área de Matemática para seu trabalho. A escrita de memórias do tempo de estudante foi reveladora dessa situação.

Não sabia e não gostava de Matemática. Nunca tive bons professores, tinha medo de alguns professores e tinha certeza de que a Matemática não era para mim. Tinha muito medo da Matemática e como gostava de crianças decidi: vou ser professora, pois não preciso de Matemática para ensinar as crianças (Nilce). No ano de 1980, comecei a cursar o magistério, não foi uma opção minha, mas de minha mãe, que estava cansada de ter que pagar professor particular para eu aprender Matemática. Não gostava de Matemática. Fui reprovada no 1º colegial em Matemática por faltas, pois não assistia à aula, ficava na quadra jogando vôlei. As aulas eram chatas e cansativas, não me interessavam. Minha mãe me propôs que pagaria uma escola particular se eu cursasse o magistério e foi assim que "acabei sendo professora" (Verinha).

A percepção de que não sabia Matemática e de que não gostava de estudar essa matéria teve muita influência na minha escolha profissional, basicamente fugi da Matemática quando optei por fazer o curso de magistério (Terezinha).

Uma idéia presente em alguns dos depoimentos das alunas-professoras era que gostar de Matemática ou saber Matemática é um 'fator genético, hereditário'. Uma das professoras, em suas reflexões, aponta esse fato, relacionando sua paixão pela Matemática e também a de seu filho.

Minha paixão é a Matemática, acho a Matemática fascinante e a minha frustração é que comecei a fazer faculdade de Matemática e na época precisei desistir, não tive dinheiro para continuar, fiquei com uma frustração muito grande, mas adoro Matemática. Eu percebo que meu filho herdou isso, ele só enxerga a Matemática... na escola para ele só existe a Matemática, eu acho que ele puxou de mim, acho que tem alguma coisa a ver... (Verinha).

A escrita de memórias permitiu uma reflexão das alunas-professoras sobre suas lembranças enquanto alunas, 'do que' e 'como' aprenderam Matemática. Em meio a essas recordações, aflorava uma relação triste com a Matemática escolar; em geral, não gostavam de Matemática, nem lhe davam muita importância, mas também denotava uma ligação pobre com essa área do conhecimento, porque demonstravam que não construíram conceitos básicos (muitas vezes, nem procedimentos).

Além disso, manifestavam atitudes negativas com referência à resolução de problemas, à própria Matemática e ao seu ensino e, outras vezes, ao perfil do professor que ministrava essas aulas, fato que as alunas-professoras reconheciam como 'falta de sorte'.

Quando analisavam 'os modelos' de ensino que tiveram enquanto estudantes, identificavam problemas relativos à Matemática que estudaram e suas conseqüências na sua prática pedagógica. Algumas afirmaram que aprenderam apenas com o auxílio de professores pacientes ou que eram muito bonzinhos, ou, ainda, com ajuda externa à escola, professores particulares ou a família, algum irmão ou parente mais velho, que às vezes nem haviam estudado, mas sabiam fazer cálculos com rapidez.

---

28 ATP – Assistente Técnico pedagógica – tem a função de organizar cursos de formação continuada para professores.

> Enquanto aluna do curso regular, sempre me vi com muitas dificuldades em aprender conceitos e mecanizar as atividades que eram propostas na época, principalmente no curso ginasial. As aulas eram monótonas, só víamos fórmulas e nenhuma aplicabilidade fora do contexto escolar. Somente no colegial tive sorte de encontrar um professor que percebeu essa dificuldade e conseguiu propor atividades mais significativas e demonstrar que a Matemática não era o bicho-de-sete-cabeças que eu achava. Continuamos a ver fórmulas e aplicá-las, porém com menos dificuldades (Natali).

Blanco & Contreras (2002) sustentam que, a experiência escolar dos estudantes dos cursos de magistério gera atitudes de predisposição (favorável ou desfavorável) perante a atividade matemática e que as expressam em atos e opiniões.

Outros depoimentos evidenciam que, apenas depois de formadas, ao buscarem aprimorar sua formação, passaram a compreender e a gostar de Matemática. Somente após entrar em contato com formadores que permitiram uma aprendizagem mais significativa é que a Matemática desmistificou-se para uma dessas alunas-professoras.

> Sabe quando aprendi Matemática? Com uma ATP[28] da diretoria de ensino... ela passava a Matemática para nós, professores, de um jeito gostoso... com ela aprendi Matemática, fazendo cursos da Cenp, foi assim que aprendi muita coisa, aprendi a desmistificar a Matemática... a contagem de 10 em 10 aprendi com ela, até hoje faço isso com os alunos, de 85 para cá... e vou justificando... isso ajudou muito... (Anelise).

Em suas reflexões, uma professora discordou da maioria e apontou alguns fatores de ordem social que a levaram a gostar de Matemática.

> Eu sempre tive adoração pela Matemática. Eu tive uma experiência muito grande, eu sempre comentava com as meninas, e relatei nas minhas atividades de Memórias. Eu fui criada num sítio, tive contato com os números, uma experiência assim bem concreta. Sou de uma família bem humilde, meu pai sempre lidou com a lavoura. Éramos sete irmãos. Quando meu pai ia comprar sapato da gente ele media o pé da gente com barbante. A gente tinha muita relação com conta. Meu pai fazia muitas contas, embora fosse sem estudo ele tinha que fazer muitas contas, compras de mantimento, de pagamento de pessoal e sempre a gente estava ali por perto aprendendo. Meu pai passou muitos conhecimentos pra gente nessa área. Participando do concreto em si, no sítio, medir área do terreno, a gente tinha muito a noção desse tipo de coisa, quantidade de semente, no plantar, então

eu tinha muita ligação com a Matemática. Matemática para mim... devia ser isso... não o que aprendi na escola... (Soraia).

Entretanto, em geral, a crença das alunas-professoras de que eram incapazes de aprender Matemática e de que não possuíam o 'dom' para essa disciplina proporcionou imagens negativas de si mesmas com relação à Matemática e atitudes de predisposição desfavorável relativamente a essa área do conhecimento.

As atitudes das alunas-professoras diante da Matemática e seu ensino e as crenças sobre seus conhecimentos de Matemática e para ensiná-la foram se modificando nas narrativas que faziam no *portfolio* no decorrer das atividades propostas no Tema 5.

Azcárate (1999) revela que se quisermos que os futuros professores alterem suas crenças sobre seu conhecimento matemático teremos que proporcionar situações formativas que apresentem investigações de problemas práticos profissionais e o contraste com diferentes fontes de informação.

A influência da Matemática que estudaram na seleção e organização de conteúdos que ensinam

As alunas-professoras demonstravam influências 'do que' aprenderam de Matemática e do 'como aprenderam' essa disciplina na escolha dos conteúdos matemáticos que deveriam ensinar a seus alunos.

Algumas acreditavam que os conteúdos que aprenderam quando alunas dos anos iniciais do Ensino Fundamental eram importantes e deveriam ser transmitidos a seus alunos e que a forma como aprenderam Matemática, embora penosa, era a mais adequada, porém revelaram que o curso ao qual estavam se submetendo 'abalava' suas convicções.

> Lembro da minha 1ª série, do contato com os números que aconteceu de 'forma tradicional', conheci a seqüência numérica juntamente com a respectiva quantidade de números e numerais. Acho que meus alunos também aprendem quando faço a seqüência de 1 a 10, de 11 a 99 e só depois na 2ª série é que chego no 100. Depois desse curso, já não sei o que penso... (Soraia).
>
> Acho que nós fazemos com as crianças na sala de aula o mesmo que fizeram com a gente quando éramos alunos. Depois desse curso acho que já não repito com as crianças o que fizeram comigo... (Nilce).

Apesar de terem se formado no curso de magistério de nível médio há cerca de vinte anos, apontavam como conteúdos essenciais de serem ensinados a seus alunos com maior freqüência as quatro operações fundamentais com números naturais, as tabuadas, os 'problemas com quadradinhos', as equações, as frações, as áreas de figuras geométricas, a pintura e o desenho de figuras geométricas, o máximo divisor comum e o mínimo múltiplo comum.

Todas se recordavam das tabuadas e dos cálculos que faziam para resolver as operações.

Lembro-me da professora da 4ª série, que fazia a gente decorar a tabuada, todos os dias, um colega que era denominado chefe, era chefe porque tirava notas boas, sentava na primeira carteira de cada fileira. Antes da entrada, os chefes tomavam as tabuadas dos colegas de sua fileira e, se não soubessem, eles contavam para a professora e nós tínhamos que fazer várias vezes a tabuada para aprendê-la; mesmo assim eu não deixei de gostar de Matemática (Sandi).

Lembro de fazer muitas continhas e tabuadas até decorar... (Neli).

Uma coisa que me marcou muito foi um tipo de exercício que todas as minhas professoras gostavam. Elas escreviam 'arme e efetue' e o pior é que não podia armar de qualquer maneira, tinha que ser um número abaixo do outro. E as tabuadas? Todas mandavam decorar para depois fazer chamada oral. Eu achava que elas combinavam. Nunca acertava problemas. Não me lembro como eram. Lembro só de uma professora que gritava muito e dizia que todos os problemas da lista eram resolvidos com a mesma conta e que mesmo assim eu conseguia errar. Hoje ensino para as crianças muitas das coisas que aprendi, pois achava que continuavam no programa, só depois desse curso é que percebi que muitas coisas mudaram no ensino de Matemática (Terezinha).

É possível perceber nesses depoimentos que o fato mais marcante no aprendizado de Matemática dessas professoras foram as tabuadas e a forte presença da memorização, da repetição de exercícios. Podemos conjecturar que, como essas professoras não aprofundaram seus conhecimentos matemáticos durante o curso que as preparou para exercer o magistério, ainda acreditavam que a única maneira de aprender Matemática era decorando e fazendo muitos exercícios.

É possível conjecturar que o conteúdo de Matemática ensinado a seus alunos, antes de freqüentar o PEC – Formação Universitária, estava baseado nas aprendizagens do tempo em que estudaram no Ensino Fundamental.

Elas lembravam ainda 'muitos treinos', afirmavam que seus professores davam exemplos e depois mandavam fazer exercícios e que identificavam a operação de um problema quando conseguiam relacioná-lo com alguma palavra do enunciado.

> No primário, realizei muitos treinos de continhas e tabuadas, até decorar os modelos 'passados' mecanicamente pelos professores. No ginásio, o ensino da Matemática foi completamente dissociado da realidade, não houve envolvimento e relação entre a aprendizagem escolar e as situações-problema, práticas cotidianas. O discurso do professor durante as aulas tornou-se vazio e autoritário, sentia-me excluída das atividades devido às dificuldades encontradas. O resultado foi a reprovação em Matemática na 5ª série. Reiniciei os estudos do conteúdo no ano seguinte, tendo como aliada a 'técnica da memorização', e obtive resultados satisfatórios não para a ampliação do processo de aprendizagem, mas eficiente para garantir aprovação. Antes desse curso, ensinava a meus alunos muitas continhas e tabuadas e, embora procurasse não reproduzir a maneira como aprendi, não sabia como devia trabalhar, pois nas aulas do curso de magistério fazia apenas cartazes e trabalhos copiados de livros didáticos (Nilza).

> No começo da escola eu gostava muito das aulas de Matemática. Mas depois passei a detestar... não me lembro bem quando isso começou. O que me lembro é que na primeira série eu ia bem em Matemática, (Verinha).

> Quando eu era aluna, a Matemática era ensinada através de muitos exercícios e poucas explicações, os professores diziam para a gente resolver sem questionar, diziam que Matemática era decorar. Da mesma forma eu ensinava para meus alunos, pois sempre achei que para aprender Matemática as crianças deveriam fazer muitas continhas e tabuadas (Neide).

Observa-se, na formação matemática dessas professoras, a influência do tecnicismo mecanicista, muito comum na educação brasileira nos anos 1970 e 1980. Segundo Fiorentini (1995), o ensino tecnicista mecanicista reduz a Matemática a um conjunto de técnicas, regras e algoritmos, sem preocupação de justificativa. O tecnicismo enfatiza o caráter mecânico da Matemática em detrimento de outros aspectos importantes, como a compreensão, a reflexão, a análise, a justificativa, a argumentação, a prova etc.

No entanto, as lembranças da aprendizagem mecânica da Matemática nem sempre incomodavam algumas das alunas-professoras. Elas achavam que a forma como aprenderam Matemática deveria ser repetida pelos seus alunos, mesmo com todas as atividades e leituras propostas.

> As lembranças de aprender de forma mecânica não incomodavam nem me traziam dificuldades. Acho que meus alunos também são capazes de aprender dessa forma. Dou muitos exercícios e tabuadas para que aprendam a fazer contas (Verinha).

Uma coisa que gostava de fazer era desenhar conjuntos, mas só de desenhar. Quando tinha que usar os sinais de Œ ou œ, π ou =, < ou >, nunca sabia qual deles devia escolher. Eu também estudei números romanos, cardinais e ordinais. Lembro de uma professora que explicava na lousa, depois passava uma lista de exercícios e na outra aula os alunos corrigiam na lousa. Muitas vezes repito as listas de exercícios com meus alunos da forma como aprendi, pois acho que, embora fosse chato, eu consegui aprender (Maria).

Quanto aos conteúdos matemáticos que adquiriram quando realizaram o curso que as preparou para exercer o magistério, as revelações confirmam nossa hipótese: algumas alunas-professoras declararam que nunca aprofundaram os conhecimentos matemáticos e que discutiam apenas alguns tópicos previstos para serem ensinados nos anos iniciais do Ensino Fundamental com a professora de Metodologia do Ensino de Matemática.

Elas não foram capazes de mencionar conteúdos matemáticos que aprenderam e que hoje não ensinam ou, ao contrário, aqueles que nunca aprenderam e que acreditam que devem ser passados a seus alunos. Nenhuma delas recordou-se de não ter estudado conteúdos relativos ao tratamento da informação e que atualmente fazem parte de orientações curriculares.

Importante salientar ainda que apenas cinco das alunas-professoras expuseram em suas memórias que aprenderam conteúdos de Geometria. Algumas lembravam desenhos com figuras geométricas, outras diziam e que gostavam de montar caixas.

Um comentário constante era o de que o professor de Metodologia se preocupava muito mais com a confecção de cartazes, com a elaboração de materiais que poderiam ser usados para ensinar, com a organização de festas escolares, do que com o desenvolvimento de discussões que permitissem aos alunos maior aprofundamento com relação aos conteúdos matemáticos a serem ensinados e com as didáticas desses conteúdos. Duas alunas-professoras declararam ter estudado nas aulas de Metodologia os mesmos conteúdos que haviam aprendido anteriormente no Ensino Fundamental e da mesma forma como seus professores haviam ensinado.

O relato de outra aluna-professora evidencia a influência do que aprendeu na escolha de conteúdos para desenvolver nos anos iniciais do Ensino Fundamental. No seu texto, ela assegura que desenvolveria os mesmos conteúdos que viu no curso de Metodologia, se fosse professora da 4ª série, mas não tinha certeza se faziam parte da programação. A única convicção que possuía era de que as equações de segundo grau não deveriam ser ensinadas, pois havia aprendido na 8ª série.

Lembro ainda que minha professora de Metodologia ensinou porcentagem, equação do segundo grau, múltiplos e divisores. Ela ensinava como resolver as equações, como calcular o m.d.c., m.m.c. Ainda lembro que um era 'deitado' e outro 'de pé'. Certamente era isso que ela achava importante que o futuro professor aprendesse para poder ensinar. Se estivesse dando aula para a 4ª série acho que ensinaria porcentagem, m.d.c., m.m.c.; a equação do segundo grau sei que é da 8ª série (Neli).

A influência do que pensavam a respeito de si mesmas como 'boas ou más resolvedoras de problemas' e sua atuação na prática profissional

As alunas-professoras sustentaram que ensinavam seus alunos a resolver problemas da mesma forma como aprenderam. Elas declararam que não tinham idéia de como mudar essa situação e que, quando deparavam com problemas de difícil resolução, os abandonavam.

Gómez-Chacón (2002) enfatiza que os estudantes crêem que quase todos os problemas de Matemática se resolvem por meio de fórmulas, regras ou alguma explicação do professor ou do livro-texto. Em conseqüência disso, assumem que 'ser bom' em Matemática consiste em ser capaz de aprender, recordar e aplicar conceitos, fórmulas, regras e procedimentos. Os estudantes acreditam também que os exercícios do livro são solucionados apenas pelos métodos apresentados no próprio livro, nas explicações que precedem os exercícios. Como conseqüência, admitem que aprender Matemática é gastar tempo em recordar os métodos que o livro propõe, mais do que raciocinar sobre os problemas.

O material do tema de Matemática apresentava às alunas-professoras algumas asserções sobre resolução de problemas para que elas analisassem e se posicionassem afirmativamente (ou não) em relação a elas (p. 1.053). Solicitamos então que nos fornecessem suas respostas e organizamos a tabela:

Tabela 2 – Asserções sobre resolução de problemas

Acho que resolvo bem problemas	4
Acho divertido tentar resolver problemas	2
Gosto de resolver problemas difíceis	1
Outras pessoas têm melhores idéias que eu, para resolver problemas	8
Estou seguro(a) de que posso resolver vários problemas	3
Agrada-me tentar resolver problemas	2
Necessito que alguém me ajude quando preciso resolver problemas	10
Sempre me engano ao resolver problemas porque sou muito distraído(a)	9
Trabalho muito tempo num problema, sem abandoná-lo	3
A maioria dos problemas é muito difícil para que eu os resolva	10

Analisando a tabela, é possível perceber que um número muito pequeno de alunas-professoras gosta de resolver problemas, principalmente os que consideram difíceis. Elas não se acham boas resolvedoras de problemas. Muitas delas afirmam que necessitam de ajuda para resolver problemas (10); consideram que a maioria dos problemas é de difícil resolução (10); e ainda asseguram que outras pessoas têm melhores condições de resolver problemas do que elas (8). A falta de segurança é revelada ainda quando tão-somente 3 alunas-professoras apontam que se sentem seguras para resolver problemas e 9 sustentam que erram problemas porque se enganam, por falta de atenção.

As narrativas das alunas-professoras, transcritas a seguir, confirmam as respostas já comentadas e consolidadas na tabela. Elas se mostram inseguras para resolver problemas e asseveram que, no seu tempo de estudante, esperavam seus professores resolverem os problemas primeiro, ligavam-se à palavra-chave para tentar resolvê-los, ou ainda dependiam de explicações de colegas.

> Os problemas eram 'uma tristeza', achava difícil, não tinha incentivo por parte dos professores para resolvê-los. Quando achava muito difícil de resolver um problema, desistia. Isso acontecia quase sempre. Evito de 'passar problemas' para meus alunos, é muito frustrante ver que eles não gostam de resolvê-los (Soraia).

No caso dessa aluna-professora, a crença de que resolver problemas é difícil e a atitude de abandoná-los, enquanto estudante, provocam reflexos em sua prática pedagógica, na medida em que evita que seus alunos resolvam problemas para não se frustrar ao ver que eles não gostam de fazê-lo.

Os depoimentos de outras alunas-professoras evidenciam que elas repetem uma prática nas aulas de Matemática por elas mesmas criticada, como a indicação pelo professor da palavra-chave para a identificação da operação que resolve um problema, no sentido de ajudar seus alunos.

> Só resolvia um problema quando minha professora riscava a palavrinha-chave. Faço a mesma coisa na 2ª série, assim eles resolvem com mais facilidade (Maria). Eu sei que tinha dificuldade em resolver problema, só conseguia depois que a professora identificava a palavra-chave. Porque eu não tinha muita segurança na questão dos problemas, eu acabo trabalhando os problemas depois que as crianças já sabem as operações, como se diz, a técnica operatória, depois de aprender a técnica operatória... (Neide).

Outros depoimentos revelam que as alunas-professoras tentam ajudar seus alunos lendo, dando exemplos de problemas parecidos...

> Eu nunca resolvi problemas com facilidade, sempre esperava minha professora resolver. Meus alunos também têm dificuldade para resolver problemas, mas eu ajudo. Antes dos alunos resolverem os problemas, costumo ler, explicar e dar exemplos de problemas parecidos... meus alunos não resolvem problemas, pois têm muitas dificuldades na leitura e interpretação e só resolvem os problemas se eu fizer a leitura deles e explicar o que querem dizer... Mesmo depois de dar alguns exemplos, eles não conseguem entender... hoje, eu decidi explicar um por um e aí eles falam, era isso que era para fazer?... e no final perguntei por que vocês acham que erraram, e muitos responderam que erraram por que não leram (Neli).

Algumas alunas-professoras manifestam sua insegurança ao resolver problemas enquanto alunas e afirmam que só o faziam com a ajuda de colegas mais experientes ou de sua professora.

> Quando era aluna, só resolvia problemas depois que um colega me ajudava ou que a professora fazia a correção na lousa, pois assim eu tinha a certeza de que estava certo (Nilza).

Podemos presumir que as atitudes de insegurança e frustração que essas professoras revelavam perante a resolução de problemas influenciavam sua prática no que diz respeito ao trabalho com problemas que realizavam com seus alunos. Essa hipótese se reforça após a leitura das narrativas das alunas-professoras. Observamos que a maioria delas procurava facilitar a vida de seus alunos quando estes resolviam problemas, lendo os textos para que eles pudessem solucioná-los com mais facilidade, enfatizando palavras-chave, como faziam seus professores. Outra atitude assumida na sua prática era trabalhar pouco com problemas para não se frustrar, nem a seus alunos. Todas utilizavam os problemas para aplicar conhecimentos matemáticos já estudados, em geral as quatro operações com números naturais.

Cabe destacar que o enfoque dado à resolução de problemas – como ponto de partida para a atividade matemática e não como aplicação dos conhecimentos já estudados – chamava muito a atenção do grupo e, talvez, pela possibilidade de colocar em prática, houve muito entusiasmo com essa idéia.

As crianças se mostraram perseverantes, até competitivas para enfrentar os desafios, não queriam demonstrar o que ainda não sabiam e sempre explicavam como chegaram aos resultados. Elas agiram totalmente diferente do que eu agia enquanto aluna para resolver problemas. Também eu me comportei de maneira muito diferente da minha professora que punha medo nos alunos na hora dos problemas (Verinha).

Nunca pensei em trabalhar resolução de problemas dessa forma, sempre achei que só era possível resolver um problema depois de aprender os conteúdos matemáticos, para ver se os alunos usavam corretamente as operações..., mas assim é bárbaro..., meus alunos resolveram problemas à sua maneira, problemas sem números, mas pensavam muito..., e gostavam muito, pedindo mais problemas (Nilza).

Hoje meus alunos vêem as aulas de Matemática com prazer, principalmente quando resolvem problemas, à sua maneira, buscando soluções com os conhecimentos que já possuem, enfrentando desafios e encontrando um caminho para resolver o problema (Silviane).

A percepção de que a Matemática que aprenderam não servia para nada e o desejo de torná-la útil e prazerosa para seus alunos

A percepção de que a Matemática que aprenderam quando alunas do Ensino Básico não lhes serviu de nada, que era tudo muito desinteressante e que as atitudes de seus professores não contribuíram para que gostassem de Matemática influenciava as alunas-professoras na sua prática. Muitas vezes, apontavam como conteúdos matemáticos a serem ensinados apenas aqueles que, no seu entender, tinham utilidade prática e que, por esse motivo, acreditavam que seus alunos iriam gostar.

Segundo Gómez-Chacón (2002), as crenças proporcionam significado pessoal e ajudam o indivíduo a atribuir-se certa relevância como membro de um grupo social.

Cabe salientar que as alunas-professoras, no início das escritas de memórias, possuíam um discurso de que a Matemática a ser ensinada deveria ser aquela usada no dia-a-dia, e a denominavam 'Matemática do cotidiano', mas não conseguiram dar exemplos de conteúdos matemáticos utilizados socialmente de maneira ampla, como os gráficos. Essa posição perante o ensino de Matemática foi se modificando no decorrer dos depoimentos contidos nos *portfolios* e, principalmente, ao final do Tema 5.

Outros depoimentos identificados na escrita de memórias das alunas-professoras, no início dos trabalhos com Matemática, nos fazem supor que elas gostariam apenas de 'aprender a ensinar Matemática de forma menos traumática'. Talvez as crenças das alunas-professoras de que a Matemática era uma disciplina sem atrativos, difícil, cheia de fórmulas, números sem sentido e que seus professores não sabiam facilitar a aprendizagem, as levassem a explicitar a idéia de que nunca conseguirão aprender Matemática, mas se souberem como ensiná-la de forma 'lúdica e prazerosa' estarão fazendo muito mais do que seus professores fizeram por elas.

As aulas eram monótonas, só víamos fórmulas e nenhuma aplicabilidade fora do contexto escolar. Somente no colegial tive sorte de encontrar um professor que percebeu essa dificuldade e conseguiu propor atividades mais significativas e demonstrar que a Matemática não era o bicho-de-sete-cabeças que eu achava. Continuamos a ver fórmulas e aplicá-las, porém com menos dificuldades.
Atualmente procuro trabalhar com os alunos itens do cotidiano, fazê-los perceber que a Matemática está presente no dia-a-dia e que é necessário compreendê-la para resolver problemas do cotidiano (Soraia).

No primário, fazia muitas continhas e tabuadas, até decorar os resultados. No ginásio, o ensino da Matemática foi completamente fora da realidade, sem relação entre a aprendizagem escolar e o cotidiano. Os professores eram autoritários e eu me excluía das atividades, devido às minhas dificuldades. Tento ensinar a meus alunos de forma mais prazerosa, para que eles não tenham os traumas que tive com relação à Matemática (Nilce).

A Matemática para ser aprendida deve ser lúdica e prazerosa, não da maneira que aprendi (Terezinha).

Quando estou na prática penso no que sentia com relação à Matemática quando era aluna e procuro fazer com que meus alunos gostem muito de Matemática (Neide).

A forma como eu ensino Matemática para que a criança possa utilizá-la na prática é muito diferente daquela que aprendi, com fórmulas e sem significado. Não conseguia relacionar a Matemática com nada. Achava inútil aprender determinados conteúdos. Hoje percebo que dessa experiência muita coisa foi perdida e totalmente esquecida. Eu lembro que na minha infância era uma criança muito curiosa e não via a hora de ir à escola. Fiquei feliz ao chegar na escola com seis aninhos, mas não me lembro da minha professora, do que ela trabalhava em Matemática. Lembro apenas que ela mandava copiar folhas e folhas de numerais. Lembro que me atrapalhava com as unidades, dezenas e centenas. Uma coisa que lembro de todas as séries é da professora colocar na lousa: 'Arme e efetue'. Não me lembro de nada que relacionasse a Matemática com situações concretas. Na prática procuro fazer que meus alunos percebam a utilidade da Matemática, procuro relacionar a Matemática com o dia-a-dia dos alunos, porque quando eu era aluna nunca percebi a utilidade prática da Matemática e não entendia por que tinha que estudar Matemática (Sandi).

Observamos em algumas das narrativas que as professoras queriam conhecer atividades práticas que pudessem desenvolver com seus alunos para tornar o ensino de Matemática mais agradável.

A gente deve ensinar a Matemática que é usada toda hora. Eu sempre me pergunto por que a Matemática é tão difícil... Teve coisas no curso que não consegui aprender, principalmente a Geometria e o tratamento da informação. Também acho que o curso deveria ter dado mais sugestões para ensinar Matemática, pois ia facilitar nossa prática (Neide).

Esperava que o curso me trouxesse mais atividades práticas (Sandi).

Pode-se notar nessas afirmações o desejo de aprender a ensinar Matemática de maneira menos traumática do que no tempo em que estudaram. Blanco & Contreras (2002) asseveram que as atitudes perante a Matemática se referem à valorização, apreciação e interesse pela disciplina e por sua aprendizagem e estão mais ligadas a um componente afetivo. Segundo esses autores, o descaso, a negação, a frustração, o pessimismo e a evitação são algumas das manifestações atitudinais e comportamentais de muitos estudantes de cursos de formação de professores quando enfrentam uma atividade matemática.

Considerações finais

Em muitos momentos das narrativas, percebemos que a escolarização anterior dessas alunas-professoras interferiu nas relações que elas estabeleciam com a Matemática e, conseqüentemente, na sua prática pedagógica ao ensinar essa disciplina.

Segundo Gómez-Chacón (2002), detectamos uma relação dinâmica entre informações armazenadas pelos estudantes para professores e a realidade que encontram quando estão em atuação: sentimentos e afeto relativos a cada experiência e as situações vividas influenciam a tomada de decisões.

As crenças de que a Matemática é difícil e só as pessoas inteligentes aprendem eram comuns entre as professoras desse grupo. O trabalho com atividades de escrita de memórias, realizado durante o curso, e as tarefas propostas permitiram que elas explicitassem tal crença.

Segundo Serrazina (2002), o desafio que é colocado aos formadores é fazer com que futuros professores deixem explícitas suas crenças. A autora sustenta que as crenças dos professores são de caráter tácito e, por esse motivo, os formadores necessitam de instrumentos que possibilitem sua clareza. Serrazina (2002) compreende que a explicitação das crenças é fundamental para sua alteração. Ela entende ainda que, pelo fato de as crenças dos professores serem implícitas às vivências pessoais dos sujeitos, elas são muito persistentes e dificilmente são modificáveis.

A análise das narrativas das alunas-professoras revelou a influência do que elas aprenderam na prática profissional. Mostrou ainda que as discussões realizadas durante o desenvolvimento do Tema 5 fizeram com que elas repensassem sua prática. Os saberes experienciais tão presentes se confrontavam com as teorias estudadas no curso, provocando reflexões e proporcionando a construção de novos conhecimentos.

Com referência à resolução de problemas, as alunas-professoras demonstraram pouca predisposição na busca de estratégias para resolvê-los, pouca segurança no sentido de escolher a operação que soluciona um problema e uma atitude de facilitação relativa aos problemas propostos a seus alunos. Esse fato pode ser decorrente de uma história de fracasso na relação estabelecida com a Matemática escolar, como também conseqüência de um tipo de prática pedagógica que seus professores adotavam e que as deixou inseguras quanto à resolução de problemas.

Consideramos que muito provavelmente as atitudes dessas professoras, no geral negativas quanto à Matemática e a seu ensino, conduzem-nas a buscar 'facilitações' para o ensino dessa ciência, pois elas afirmavam sempre que possível que não deixariam seus alunos passarem pelos mesmos dissabores vividos por elas, que proporcionariam a eles um 'ensino prazeroso'. Conjecturamos que, a partir do momento em que professoras sustentavam que ensinavam apenas conteúdos que possuíam aplicação no dia-a-dia, o currículo de Matemática praticado por elas anteriormente à realização do PEC era bastante empobrecido, pois a 'Matemática necessária ao dia-a-dia', para essas professoras, se reduzia apenas às quatro operações fundamentais com números naturais.

As alunas-professoras demonstravam enxergar diferenças entre a Matemática que hoje ensinam e aquela que aprenderam na época em que estudaram. Elas declaravam que seus alunos possuíam uma boa relação com a Matemática e que gostavam de aprender Matemática. Nossa hipótese é que o grande propósito dessas professoras era estabelecer uma relação de 'prazer' de seus alunos com a Matemática sem, contudo, se preocupar, de modo significativo, com o ensino e a aprendizagem dessa área do conhecimento. É possível conjecturar que, talvez, pela experiência negativa que tiveram com a Matemática, as alunas-professoras estavam muito mais empenhadas em 'como desenvolver nos seus alunos atitudes positivas com relação à Matemática' do que 'no que e como ensinar Matemática a seus alunos'.

Julgamos que a influência 'do que aprenderam e do como aprenderam' Matemática pode ser considerada positiva, quando as alunas-professoras afirmam que não gostariam que seus alunos tivessem as mesmas dificuldades vivenciadas por elas no aprendizado da Matemática.

Para essas alunas-professoras, a nosso ver, relacionar Matemática escolar com a Matemática do dia-a-dia faz com que essa disciplina pareça menos estranha, menos assustadora e mais prática do que no tempo em que elas estudaram.

Serrazina (1999) assevera que há muito mais continuidade do que ruptura entre o conhecimento profissional do professor e as experiências pré-profissionais, especialmente as que marcaram sua socialização primária (família e ambiente) e sua socialização escolar enquanto aluno da escola básica.

(capítulo 5) **INVESTIGANDO IMPACTOS DE UMA FORMAÇÃO RELATIVOS AOS CONHECIMENTOS DA DISCIPLINA PARA ENSINÁ-LA**

O conhecimento do professor se ordena em histórias e são as histórias a melhor forma de o compreender (ELBAZ, 1991).

Introdução

No capítulo anterior analisamos as crenças e atitudes do grupo de alunas-professoras e as influências dessas crenças na prática profissional. As reflexões sobre crenças e atitudes são fundamentais na formação de professores, pois muitas vezes elas não são conscientes e, por isso, não são explicitadas. Muitas vezes, os futuros professores passam pela escola de formação sem questionar-se em relação às suas crenças e atitudes e deixam a instituição com a mesma visão que tinham inicialmente sobre a Matemática e seu ensino.

Neste capítulo, analisaremos o material que consta do *portfolio* das alunas-professoras, buscando identificar os conhecimentos para ensinar Matemática que elas demonstravam ter e as mudanças que ocorreram (ou não) em relação a esses conhecimentos, a partir da formação a que estavam se submetendo.

Além disso, apresentaremos os resultados da pesquisa realizada no decorrer de três meses, em reuniões com alunas-professoras, que aconteceram uma vez por semana, nos meses de setembro, outubro e novembro de 2002. Em cada encontro, fizemos entrevistas semi-estruturadas, procurando coletar suas opiniões sobre as unidades de Matemática e buscando identificar o impacto dessa formação na constituição de novos conhecimentos relativos a conteúdos matemáticos, à didática dos conteúdos e aos currículos dessa disciplina.

Tanto nas entrevistas como no material escrito, para categorizar as informações obtidas, consideramos os depoimentos em sua totalidade e não apenas pequenas partes deles. As informações contidas nas entrevistas e *portfolio* das alunas-professoras foram agrupadas e transformadas em formulações ou proposições de significado similar para que permitissem um trabalho mais sistematizado. Assim, organizamos as proposições em função dos conteúdos tratados e elaboramos um conjunto de categorias de análise. Para a organização final das categorias, levamos em conta os aspectos definidos por Shulman (1992) sobre as três vertentes do conhecimento do professor: o conhecimento da Matemática, o conhecimento pedagógico dos conteúdos matemáticos e os conhecimentos do currículo da Matemática escolar.

Por fim, destacamos elementos que nos permitiram refletir sobre a formação inicial de professores polivalentes, face às novas tendências expressas na vasta literatura sobre formação de professores, relativamente ao campo dos conhecimentos matemáticos.

Observações decorrentes das reuniões iniciais

Como já descrevemos no capítulo anterior, agendamos uma primeira reunião para constituir o grupo de sujeitos de pesquisa. Combinamos o dia da semana que parecia o melhor para os participantes. Na data agendada, tivemos uma primeira conversa para nos conhecermos melhor e para receber o *portfolio* conforme já descrito no capítulo anterior.

Nessa primeira reunião, ficou muito evidente que elas estavam sob o 'impacto' da formação em Matemática, que havia terminado há poucos dias, e, espontaneamente, fizeram muitos comentários sobre a formação e o material do tema Matemática. Escolhemos um dia da semana mais propício para o grupo para a realização das entrevistas e solicitamos que trouxessem para os nossos encontros os materiais usados na formação, os *portfolios*, as atividades realizadas com as crianças, as reflexões escritas que haviam feito. Pedimos também que trouxessem os projetos de monografia que envolvessem assuntos referentes ao ensino de Matemática e verificamos que, das doze componentes desse grupo, sete estavam nesse caso. Agendamos os primeiros encontros e as primeiras entrevistas. Combinamos que elas seriam gravadas e que as alunas-professoras teriam toda a liberdade de exprimir seu pensamento, ouvir as gravações e ler os textos transcritos.

Marcamos horários individuais, pois tínhamos a intenção de realizar uma entrevista com cada aluna-professora, a cada reunião. No entanto, o que ocorreu de fato foi que muitas vezes elas chegavam juntas, entravam na sala e faziam intervenções na entrevista da colega, transformando as entrevistas em conversas bastante informais entre alunas-professoras e pesquisadora, em histórias vividas e narrativas sobre a prática. Aquelas que faziam monografias sobre assuntos matemáticos sempre que possível aproveitavam as reuniões para discutir a investigação que realizavam e, especialmente, solicitar sugestões de bibliografia.

O clima de cordialidade que se estabeleceu, tanto entre as alunas-professoras como relativamente à pesquisadora, provavelmente foi favorecido pela proximidade das escolas de atuação dessas professoras, pela camaradagem própria de colegas de curso. Desse modo, uma empatia muito grande foi envolvendo as alunas-professoras que participavam da pesquisa, e os encontros destinados às entrevistas tornaram-se extremamente ricos. De nossa parte, procuramos também estabelecer uma relação de aproximação com essas alunas, sujeitos da pesquisa.

Nos encontros para a realização das entrevistas, as alunas-professoras refletiram sobre sucessos e fracassos com relação à Matemática e seu ensino, sobre sua prática e, particularmente, sobre o Tema 5 – Matemática, no âmbito do PEC – Formação Universitária, no que concerne ao material escrito oferecido, às videoconferências, às teleconferências etc. Foram efetuadas dez sessões de entrevistas, totalizando cerca de 600 minutos de gravação. Utilizamos as proposições de Connelly e Clandinin (1995, 2000) para analisar as narrativas das alunas-professoras, agrupando as informações transcritas das entrevistas e dos *portfolios* por similaridades que permitissem a sistematização do trabalho. Uma vez transcritas e agrupadas as proposições, passamos a organizá-las em função dos conteúdos tratados e as categorizamos tomando por base as vertentes de Shulman (1992) sobre os conhecimentos dos professores para ensinar uma disciplina.

Um fato marcante, na segunda reunião, a primeira de entrevistas, foi a constatação de que as três vertentes do conhecimento estavam muito imbricadas e que seria bastante difícil 'separá-las' na fala das alunas-professoras e que, provavelmente, em função de seus saberes experienciais, elas se dedicariam muito mais, em suas narrativas, a fazer comentários sobre os conhecimentos didáticos dos conteúdos matemáticos.

Esse fato estava de acordo com as leituras de Shulman (1992), para quem o conhecimento didático do conteúdo é um conhecimento prático, um modo de conhecer um assunto da disciplina que ensina e, por ser prático, possui uma natureza narrativa.

Outra observação nessa segunda reunião foi que, para analisar e enfrentar as situações propostas na formação matemática, as alunas-professoras lançaram mão de seus conhecimentos, explicitando-os, reconhecendo-os e, em alguns momentos, modificando-os ou tentando modificá-los, mas sua prática docente, seus saberes experienciais estavam sempre muito presentes. Essa observação estava conforme com as leituras que havíamos feito, como a de Tardif (2002), para quem os professores, no exercício de sua profissão, desenvolvem saberes específicos, baseados em seu trabalho cotidiano e no conhecimento de seu meio. Esses saberes não provêm da formação profissional, nem dos currículos, não estão sistematizados em teorias, são saberes práticos e formam um conjunto de representações a partir dos quais os professores compreendem, interpretam e orientam sua profissão e sua prática diária em todas as suas dimensões. Eles se incorporam à experiência individual e coletiva sob a forma de um saber, saber-fazer e saber-ser. O autor categoriza esses saberes como saberes experienciais.

Outro fato importante na segunda reunião foi a relação freqüentemente estabelecida entre o próprio processo de construção de conhecimentos matemáticos, quando alunas do Ensino Fundamental, e o processo de construção de conhecimentos de seus alunos. Mais uma vez, estabelecemos analogia com Tardif (2002), quando comenta que, ao longo de sua história de vida pessoal e escolar, o professor interioriza certo número de conhecimentos, competências, crenças e valores que são reutilizados, de maneira não-reflexiva, mas com grande convicção durante sua atuação. Nessa perspectiva, os saberes experienciais dos professores não estão baseados apenas em sua atuação em sala de aula; decorrem em grande parte de pré-concepções de ensino e de aprendizagem herdadas de sua história de vida e de sua história escolar.

Nas entrevistas individuais, coletamos dados sobre as alunas-professoras. Todas eram casadas e possuíam filhos, e muitas destacaram como ponto positivo da profissão a possibilidade de conciliar o trabalho e a 'constituição' da família (tarefas de mãe). Todas tinham larga experiência docente (de dezoito a vinte anos) e lecionavam na rede pública estadual de São Paulo. Metade do grupo lecionava nas duas primeiras séries e a outra metade, em turmas de terceira e quarta séries.

Estavam em atuação desde que se formaram no curso de Habilitação para o Magistério, em nível médio. Revelaram uma antiga intenção de fazer um curso superior para complementar sua formação, porém não tinham condições de pagá-lo, pois a prioridade era educar os filhos. Salientaram que 'seu grande sonho' estava se realizando ao fazerem o curso de formação de professores em nível superior proposto pela SEE, mas reconheciam que era necessário um grande esforço para efetuá-lo, lecionar e acumular seus afazeres domésticos.

O PEC – Universitário foi uma oportunidade grande, eu sempre tive vontade, mas, por situação econômica, não continuei meus estudos. Senti que podia aproveitar a situação porque está livre de gastos, embora seja um pouco apertado para mim, muito corrido, mas eu acho que está dando para conciliar. Estou adorando o curso, como sempre, assim, aceitei inovações, sempre procurei estar mudando, aperfeiçoando o trabalho, porque a gente que trabalha com alfabetização nas séries iniciais a gente percebe que a cada ano as crianças estão sempre exigindo mais, mais, e acho que em parte a gente precisa aprender mais para poder estar passando (Soraia).

Sempre tive vontade de fazer curso universitário, quando surgiu o PEC, foi assim a oportunidade que eu estava esperando. Sempre procurei ler, me inteirar, na área da educação que é nossa área, mas o PEC foi a oportunidade que eu estava esperando (Natali).

Sempre tive vontade de continuar estudando e o PEC foi a oportunidade... eu nunca tive oportunidade de fazer faculdade, quando eu percebi que ia ser uma coisa inovadora, uma coisa que ia contribuir para minha formação, [...] eu sempre li algumas coisas... eu entrei de cabeça, tenho paixão por esse curso (Nilce).

O problema está na minha casa. Tenho remorsos por abandonar as crianças para estudar todas as noites. Só ficava à noite em casa, mas agora nem isso... (Maria). Mas por causa desse curso deixo de lado o trabalho da minha casa, lavar, passar, cozinhar, cuidar das crianças, tenho dó delas, que nunca dou atenção (Neli).

Iniciei o ano dizendo a mim mesma que seria o melhor ano da minha vida, talvez para poder me consolar, pois tenho a certeza de que será talvez o ano mais difícil da minha vida, devido à carga horária do Estado e da Prefeitura, e além de tudo o PEC, que, com certeza, está aumentando em muito o meu cabedal de conhecimento, porém está sugando as minhas forças, mas a vida é assim, só com luta é que se sente o doce sabor da vitória (Verinha).

Eu sempre quis fazer faculdade, eu sempre gostei de estudar, eu sempre estudei em escola pública, eu parei porque não tinha dinheiro para fazer faculdade, aí quando surgiu o PEC foi uma oportunidade de completar os estudos, de dar continuidade aos estudos, a gente sempre quer continuar, eu fiz primeiro colegial, depois fiz magistério, e via que faltava alguma coisa, que nada estava concluído, mesmo na escola onde estava trabalhando via que alguns professores que tinham faculdade outros não tinham, o ideal é que todos tivessem faculdade então acho que todos devem ter faculdade, e o PEC foi a realização do meu sonho interrompido, até que a escola pública deu eu fui me preparando... e agora voltei à escola pública para fazer faculdade.... o curso está super interessante... (Silviane).

Tem o seu lado positivo, o crescimento pessoal, intelectual e a auto-estima, que também é um fator positivo, pois hoje, com certeza, temos um melhor embasamento teórico para podermos ampliar a nossa prática e a partir daí começarmos a olhar o mundo e as pessoas de maneira diferente (Nilza).

Todas as professoras desse grupo afirmaram que faziam cursos de capacitação oferecidos pela SEE sempre que podiam, pois se preocupavam com o aperfeiçoamento de sua prática.

As alunas-professoras e os conhecimentos sobre conteúdos matemáticos

A análise que fizemos dos depoimentos das alunas-professoras conduziu-nos à identificação de algumas recorrências relativas aos conhecimentos sobre conteúdos matemáticos, os quais passamos a apresentar.

Concepções sobre a Matemática e seu ensino: a constituição de uma 'nova visão'

Fazendo referências constantes ao texto do professor doutor Ubiratan D'Ambrósio – Que Matemática deve ser aprendida nas escolas hoje? – e à teleconferência da qual ele participou, o grupo deu grande destaque às concepções sobre a Matemática e seu ensino, usando nos depoimentos, repetidas vezes, a expressão 'nova visão'. Após assistir à teleconferência e fazer a leitura do referido artigo do professor Ubiratan, cada aluna-professora redigiu um texto que nos foi disponibilizado. Nesses textos, elas destacaram a idéia de que a Matemática não é composta apenas de cálculos, como pensavam, e afirmaram que a 'nova visão' que têm da Matemática trará conseqüências para sua prática:

> O que me fez repensar a minha prática é a idéia de ver a Matemática como um instrumento importante para a tomada de decisões, e também o fato de que ela exige criatividade, e nela também se pode trabalhar e pensar sobre a ética. Para mim esse é um aspecto importante que antes, mesmo talvez já trabalhando, não percebia o seu valor. A partir de agora procurarei focar melhor esses aspectos em minha prática pedagógica (Maria).

> Perceber que a Matemática não é só fazer contas, que ela permite analisar dados e que ela pode ser aprendida por todos foi fundamental para repensar minha prática (Sandi). Todos os aspectos apresentados nesta unidade levaram-me a repensar minha prática. Sempre dei muita ênfase às operações e depois aos problemas. Já nesta semana pude propor a eles um ou alguns problemas, para depois resolvermos em operações... Muita coisa já mudou, porém muito precisa ser feito ainda (Neide).

Serrazina (1999) afirma que as diferentes perspectivas do conhecimento do professor são continuamente alteradas por meio de interações com a Matemática no ambiente da sala de aula, com os alunos e com outras experiências profissionais.

Dentre essas experiências profissionais, consideramos que uma formação como essa pode contribuir para a constituição não apenas de novos conhecimentos sobre conteúdos específicos, mas também de concepções mais amplas sobre a área de conhecimento.

A necessidade de 'se apropriar' de alguns conteúdos matemáticos para poder ensiná-los: o caso da Geometria

Em seus depoimentos, as alunas-professoras fizeram referência a 'conhecimentos novos' para elas, dando grande ênfase aos conteúdos de Geometria. Reiteradas vezes destacaram a pouca preparação que tiveram com relação à Geometria e enfatizaram que a falta de conhecimentos dos conteúdos relativos a esse assunto as deixava inseguras para ensiná-los.

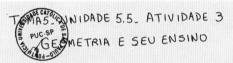

UNIDADE 5.5. ATIVIDADE 3
GEOMETRIA E SEU ENSINO

A geometria deve ser incorporada ao ensino da matemática nos anos iniciais do Ensino Fundamental por ser um tema que além de despertar o interesse das crianças é importante por apresentar aplicações em problemas da vida real e em problemas envolvendo outros tópicos da matemática.

Os PCNs de matemática sugerem que o enfoque dos conceitos geométricos esteja articulado ao enfoque de números e medidas.

A criança quando começa a estudar já traz consigo conhecimentos geométricos, como vivemos em um mundo tridimensional é importante que esses conhecimentos sejam valorizados e complementados com o estudo de poliedros e corpos redondos, com o objetivo de levar os alunos ao desenvolvimento da percepção e a discriminação de formas.

Nas entrevistas, algumas alunas-professoras comentaram que estudaram Geometria apenas nas aulas de Desenho Geométrico. Além das falas, em alguns textos de escrita de Memórias elas revelaram que pouco estudaram de Geometria, que o conhecimento que tinham não era suficiente para ensiná-lo a seus alunos e que precisavam se apropriar dele.

> A geometria era dada não na Matemática, mas sim em desenho geométrico, lembro-me muito pouco, pois não gosto de geometria, tanto que tenho muitas dificuldades para passar esses conceitos a meus alunos (Maria).

> Os meus primeiros contatos com geometria, enquanto aluna, foram com as formas não fugindo do quadrado, do círculo, retângulo e triângulo em desenho geométrico. Considero que na minha prática pedagógica essa área é ainda falha, sinto falta de maior embasamento para realizar um trabalho mais significativo com geometria (Natali).

> Nunca ensinei geometria. Também acho que preciso de mais leitura, de estudar um pouco mais, de me apropriar mais, de estudar exercícios para aplicar nos meus alunos... (Silviane).

> Nunca ensinei geometria, acho que é preciso estudar mais antes de aplicar com meus alunos... (Anelise).

Uma das alunas-professoras declarou que antes do curso não trabalhava Geometria com seus alunos e, quando o fazia, enfocava apenas nomes de figuras geométricas planas associadas aos desenhos.

> As atividades que eu desenvolvia com meus alunos anteriormente, me parecem muito soltas hoje, limitavam-se a desenho e nomeação de figuras geométricas e artes (Maria).

Outra aluna destacou que, como nunca havia estudado conteúdos de Geometria, tinha a idéia de que esse tema era difícil para seus alunos, mas passou a se sentir mais confiante depois de trabalhar o assunto nessa formação, revelando sua disposição para desenvolver atividades de Geometria.

> Estou chegando à conclusão de que nunca fiz um trabalho proveitoso em geometria [...], mas a partir de agora tenho certeza de que vou melhorar muito meu trabalho. Não tenho o menor problema em dizer que não trabalhava, já andei con-

versando bastante sobre isso, vou fazer um trabalho ano que vem muito melhor... eu não te falo no sentido de estar com vergonha, de ficar chateada com isso, tenho certeza que vou fazer um trabalho melhor... a partir do momento que eu tomei conhecimento, agora é uma outra realidade... vou transformar o que eu puder, o que eu puder fazer eu vou fazer... eu não tinha a formação para trabalhar dessa maneira... a partir de agora, eu vou começar a trabalhar de uma forma completamente diferente, dentro de uma outra perspectiva de trabalho. Eu já comecei. Meus alunos gostaram muito das atividades de geometria, eles voltaram do recreio rapidinho, eles gostam de montar coleções, perceber semelhanças e diferenças... (Nilce).

Três alunas-professoras optaram por fazer monografias sobre o ensino e a aprendizagem de conteúdos geométricos e comentaram que o curso e a elaboração de monografia eram uma oportunidade para aprender Geometria.

Não...não... em geometria, quando você apareceu e eu soube que você era de Matemática, é a oportunidade de aprender e mudei rapidinho meu tema da monografia. É uma oportunidade, ou aprende agora geometria ou nunca mais... (Nilce).

A demonstração de insegurança diante de conteúdos de Geometria revelada por algumas alunas-professoras nos faz evocar estudos de Ball (1991). Ela assevera que, para ensinar Matemática, o futuro professor precisa ter compreensão da Matemática que se traduza em um conhecimento explícito. Deve ser capaz de conversar sobre Matemática e não apenas de descrever procedimentos, ser capaz de explicar por que, de relacionar idéias particulares ou procedimentos matemáticos e também de relacionar a Matemática com outras áreas do conhecimento. Também Serrazina (2002) refere-se a esse fato, salientando que o professor precisa se sentir à vontade na Matemática que ensina. Deve conhecer bem os conceitos e processos matemáticos do nível de escolaridade em que vai atuar.

À medida que as reuniões para entrevistas iam se sucedendo, observamos que algumas alunas-professoras demonstravam sentir-se mais à vontade ao falar de como trabalhavam a Geometria com seus alunos, fazendo questão de relatar as atividades que estavam desenvolvendo em classe.

É o caso do depoimento de uma aluna-professora que comenta sobre o interesse de seus alunos com relação à Geometria, seus conhecimentos dos conteúdos de Geometria, quando descreve uma atividade que realizou.

Eu apresentei algumas figuras para que as crianças identificassem, percebi que as crianças da segunda série já nomeiam muitas dessas figuras... círculo, triângulo, quadrado, é uma segunda série com dificuldade, quando deixei a classe no meio do ano muitos ainda não sabiam ler... eu não tinha trabalhado geometria ainda com eles porque eu ia fazer a monografia e deixei para a época da monografia... para verificar os conhecimentos prévios deles... aí teve até um aluno que quando eu estava colocando na lousa, ele falou isso é geometria... mas um só, esse aluno sempre se sobressai...

Aí eu coloquei uma música e pedi para eles imaginarem o que tinha na natureza ou que o homem criou que tinha formas geométricas e eles deram exemplos... anotei o que as crianças falaram...

Fiz umas figuras no papel quadriculado e depois pedi a eles que pintassem as figuras e depois copiassem as figuras que eles haviam pintado. Sabe que percebi que as crianças identificaram as figuras, mas copiavam sem observar o tamanho. A preocupação era com forma e não com o tamanho, era conservação da forma... essa atividade foi bem legal... quando eles pintaram, eles tiveram a chance de contar quantos quadradinhos, mas não se preocuparam com isso, a preocupação era só com a forma... também observei que eles não usavam régua. Apenas quatro crianças usaram régua para fazer o desenho, eu contei... depois que recolhi as atividades perguntei quem contou os quadradinhos das figuras? Todos responderam que contaram. Eles perceberam que tinham que contar... agora estou pensando em fazer um mosaico com eles... ou uma atividade de simetria... (Maria).

Outro depoimento interessante pelos detalhes que apresenta é o de uma aluna-professora que descreve seu trabalho com classificação e planificação de sólidos e como fez para suprir a falta de material na escola. Um ponto importante na narrativa é a ajuda de uma colega (Natali), aluna do mesmo curso, como observadora das crianças durante a realização das atividades.

Quero comentar a atividade que já fiz... Como tinha pouco material na escola, juntei sucata, embalagens vazias, fiz algumas caixas e pintei, até meu marido ajudou... Apresentei a eles uma coleção de objetos e pedi para que eles agrupassem, eu não indiquei nada... antes de agrupar, eles tinham que discutir entre eles quais os critérios que usariam para agrupar os objetos. Um primeiro grupo disse que separou os objetos por jeito... eles empilharam os poliedros e deixaram de lado os redondos. Perguntei por que eles não empilharam esses outros objetos. As crianças responderam que era porque eles rolam... essas não se podem empilhar porque rolam. Essa é aquela forma geométrica, alguns falaram... tem pontudo, tem os que têm muitos lados..., e tem essas... (Nilce).

Uma descoberta muito importante para todas elas foi que a Geometria possibilitava o desenvolvimento de competências como experimentar, representar, comunicar, argumentar, validar..., além do desenvolvimento da criatividade[29]. Elas demonstraram surpresa ao perceber que o desenvolvimento do pensamento geométrico permite a compreensão e a representação do mundo em que vivemos, a possibilidade de comunicação de idéias, de argumentações etc.

> Eu lembro que aprendi Geometria com demonstração de teoremas, acho que era assim que chamava. Por isso, para mim foi uma surpresa que a Geometria pode também ser feita por meio de experiências e que as crianças podem dar suas idéias... (Verinha).

A análise dos depoimentos revelou que as atividades desenvolvidas na formação permitiram a explicitação, por parte das alunas-professoras, de seus conhecimentos prévios, de suas dificuldades, de suas idéias sobre Geometria e seu ensino e a colocar essas idéias em cheque. Esse processo as tornou pelo menos mais confiantes, pois se sentiram capazes de aprender para ensinar Geometria a seus alunos.

Estatística, combinatória, probabilidade, uso de novas tecnologias: 'novos conteúdos matemáticos' a serem aprendidos

Como uma das unidades da formação possuía como tema 'Demandas de novos tempos', abordando um dos blocos de conteúdos do Ensino Fundamental propostos pelos Parâmetros Curriculares Nacionais, denominado tratamento da informação, e dando destaque a conteúdos referentes à contagem, à probabilidade e à estatística, além de discutir o uso de recursos tecnológicos nas aulas de Matemática, as alunas-professoras fizeram muito comentários a propósito do tema, em especial referindo-se à insegurança de trabalhar com esses conteúdos, mesmo depois da realização do curso.

As narrativas referem-se tanto ao uso do computador como à apropriação de conhecimentos matemáticos.

---

29 Uma análise preliminar das entrevistas deu origem à publicação de um artigo, escrito por Curi (2003a), nos Anais do XI Ciaem. Esse artigo destaca que essas professoras consideravam a Geometria difícil para elas e para seus alunos e que, quando ensinavam os conteúdos desse tema, priorizavam o desenho de algumas figuras e seus nomes. Revela ainda que, apenas com vinte anos de profissão, elas descobriram que a Geometria proporcionava o desenvolvimento de competências, como experimentar, representar, comunicar, argumentar, validar, além do desenvolvimento da criatividade, e que a evolução do pensamento geométrico permite a compreensão e representação do mundo em que vivemos, a possibilidade de comunicação de idéias, de argumentações etc.

Acho que é o tratamento da informação que a gente ainda está com dificuldade, no caso do computador que a gente ainda está com dificuldade, não temos ainda para uso na escola... Acho que agora a gente tem que ter coragem para selecionar as atividades, para estar buscando mesmo, dar continuidade (Natali).

Os problemas de combinatória foram um aprimoramento na nossa formação... nunca tínhamos feito problemas desse tipo... o material foi muito importante no curso...o curso foi bom, foi gratificante, foi muito gostoso... (Silviane).

Esse tema tratamento da informação eu não conhecia. Achei difícil, pois nunca tinha construído um gráfico. Acho que os alunos vão gostar, mas ainda não me sinto preparada. Seria melhor que o curso tivesse dado mais alguns exemplos de atividades para fazer com nossos alunos (Neli).

O tratamento da informação achei uma coisa legal, aliás, eu não conhecia os conteúdos... o tratamento da informação... apesar de ter nos PCNs nunca havia lido sobre isso, mas na prática acho que não dá para usar ainda... (Soraia).
O tratamento da informação... eu não conhecia, mas os alunos gostam de gráficos... (Maria).

Gráficos de estatística e a preparação dos dados eu já havia realizado na 1ª série, porém nunca pensei em dar problemas de probabilidades nas primeiras séries do EF (Neide).

Outras observações sobre a constituição de conhecimentos sobre os conteúdos matemáticos

Um fato que nos chamou a atenção ao analisarmos as entrevistas foi que o trabalho desenvolvido na Unidade 5.6, envolvendo grandezas e medidas, representação decimal dos números racionais, medidas de comprimento, de massa, de capacidade, de tempo e de superfície, recebeu poucos comentários das alunas-professoras.

Ao examinarmos essa proposta de formação, no capítulo anterior, ressaltamos que a carga horária do tema Matemática, concentrada em cerca de seis semanas consecutivas, não foi um fator favorável para que as alunas-professoras pudessem fazer uma reflexão mais aprofundada dos assuntos tratados e menos ainda para buscar transformar sua prática, a partir da apropriação das idéias veiculadas no curso que estavam realizando.

Essa observação foi feita também pelas alunas-professoras em suas entrevistas, destacando que as informações foram muitas e o tempo foi pouco.

Sabe foi muito rápido, fica bastante coisa, mas é muita informação, tem muita coisa que precisaria explorar bem mais... em Matemática estamos descobrindo... (Natali).

Mesmo salientando que o tempo de formação deveria ser mais extenso para trabalhar com conteúdos matemáticos e que ainda restava muita insegurança, especialmente em relação a conteúdos que nunca haviam estudado, as alunas-professoras concluíram que existiam lacunas em sua formação para ensinar Matemática, provenientes de sua formação anterior, mas que era possível saná-las por meio de estudos como os que foram proporcionados nessa formação.

Esse fato nos remete a Ponte (1998), que apresenta a idéia de desenvolvimento profissional, ou seja, a idéia de que a formação do professor para o exercício da sua atividade profissional é um processo que envolve múltiplas etapas e que, em última análise, está sempre incompleto. Nesse texto, o autor expõe as diferenças entre formação e desenvolvimento profissional do professor. Ele destaca que a formação está muito associada à idéia de 'freqüentar' cursos, enquanto o desenvolvimento profissional ocorre por meio de múltiplas formas, que incluem cursos, mas também atividades como projetos, trocas de experiências, leituras, reflexões etc. Na formação, o movimento é essencialmente de fora para dentro, cabendo ao professor assimilar os conhecimentos e a informação que lhe são transmitidos, enquanto no desenvolvimento profissional temos um movimento de dentro para fora, competindo ao professor as decisões fundamentais relativamente às questões que quer considerar, aos projetos que quer empreender e ao modo como quer executa-los. Assim, o desenvolvimento profissional ao longo de toda a carreira é, hoje em dia, um aspecto marcante da profissão docente, combinando processos formais e informais. O professor deixa de ser objeto e passa a ser sujeito da formação, e seu desenvolvimento profissional é, no essencial, decidido por ele.

As alunas-professoras e os conhecimentos didáticos dos conteúdos matemáticos

Como já referimos no início deste capítulo, os conhecimentos didáticos dos conteúdos matemáticos foram os mais comentados pelas alunas-professoras. A necessidade de aprimorar os conhecimentos didáticos dos conhecimentos matemáticos é muito mais 'visível' para as alunas-professoras do que a necessidade de aprofundar, por exemplo, conteúdos matemáticos em si mesmos. Apesar de seus anos de prática profissional, elas identificaram novos conhecimentos didáticos dos conteúdos matemáticos:

> O curso de Matemática veio com bastante conhecimento novo que eu não tinha refletido, não tinha pensado, principalmente na resolução de problemas que normalmente eu trabalhava como aplicação de técnica num problema. Tive oportunidade de ver que é possível partir da situação problema, problematizar, dá para perceber que é possível inverter, quer dizer, trazer os problemas antes e não como aplicação... Eu já tentei fazer assim na primeira série... Achei superválido... As crianças se interessam muito mais. É mais do cotidiano deles, do interesse deles, mesmo ficar lá só fazendo cálculo, só para ver técnica operatória... (Natali).

Analisando os depoimentos e textos identificamos recorrências relativas a conhecimentos didáticos dos conteúdos matemáticos, que expomos a seguir.

A descoberta de que as crianças formulam hipóteses sobre as escritas numéricas

Uma das 'descobertas' mais comentadas pelas alunas-professoras foi a existência de uma similaridade entre os processos de construção, pelas crianças, da leitura e da escrita em Língua Portuguesa e os processos de construção das escritas numéricas em Matemática.

> Eu nunca tinha percebido isso... em Matemática também, as crianças levantam hipóteses, usam determinadas representações, avançam nas representações e na aprendizagem, é superinteressante, eu nunca tinha percebido isso... como as crianças pensam em Matemática... eu já tinha percebido isso na escrita, na escrita e não nos numerais... o projeto PEC me ajudou muito em Matemática... quando a gente percebe isso, a criança avança muito, principalmente em Matemática (Nilce).

Como o material escrito de uma das unidades apresentava resultados de pesquisas com crianças a respeito de seus conhecimentos numéricos, especialmente da função social dos números, as alunas-professoras ficaram motivadas a investigar as respostas de seus alunos a respeito.

> Nas atividades com as crianças da segunda série com números... aquelas propostas pelos materiais... Olha, encontrei mais ou menos as mesmas respostas que nós vimos no material do curso... o mais engraçado é na pergunta para que serve? a maioria deles disse pra fazer contas... então eles não tiram do contexto da escola. Teve uma criança que eu até comentei, escrevi lá no portfólio, achei muito engraçadinho... Ela veio de óculos para a escola, ela passou a usar óculos e ela comentou, se não existissem os números, o oculista não poderia exercer sua profissão.

Outros escreveram para saber a idade depois que cresce, os números servem apenas quando a gente é grande, quando é pequeno não precisa, aí veio telefone, linha de ônibus, enfim, inúmeras situações eles colocaram.

Sabe perguntei para os pequenininhos para que serve o número e foi uma gracinha... para saber o telefone da avó, saber o número do calçado, da casa, da música do CD, que é um pouco diferente das coisas que as crianças da 2ª série falam. Os pequenos falaram muito de dinheiro de moeda, para contar dinheiro, para marcar a quantidade de dinheiro, quanto peso, a idade, o número da casa... eu acho que foi muito mais rico com os pequenininhos... (Natali).

Fiz as entrevistas com crianças de 4, 5 e 6 anos da Emei. Perguntei sobre os números, para que servem os números, outras professoras me ajudaram. Achamos muito bonitinhas as respostas das crianças, melhores do que as das crianças maiores, que dizem que os números servem para fazer contas e resolver problemas... (Maria).

Alguns depoimentos ilustram não apenas a percepção da necessidade de analisar as hipóteses das crianças, mas também o papel do professor na intervenção.

Só depois que entendi as hipóteses que meus alunos estão levantando a respeito dos números, consegui saber como intervir junto a eles... (Soraia).

Esse fato nos parece bastante importante porque, na maioria das vezes, a aceitação de que as crianças têm os conhecimentos prévios é mais freqüente por parte do professor do que a necessidade de saber fazer boas intervenções, para possibilitar o avanço na aprendizagem.

Analisando relatórios das alunas-professoras de sua Vivência Educadora, realizada no contexto da escola, percebemos que elas foram estabelecendo relações importantes entre os estudos que efetuavam no curso e a prática de seus colegas.

Na primeira série a professora ficou o tempo todo na seqüência numérica de 1 a 10... e eles sabem mais do que isso... Eu tinha vontade de interferir, ajudar as crianças, mas não podia... (Anelise).

No entanto, foi possível detectar também que algumas alunas-professoras, depois da formação, preferiam trabalhar com seus alunos, seqüencialmente, os números de 1 a 9, de 10 a 99, de 100 a 999, e que as atividades de classificação e seriação precisavam ser desenvolvidas como 'atividades preparatórias para o ensino do conceito de números'.

132 Edda Curi

Mesmo com tudo que li a respeito do assunto e todas as discussões, prefiro trabalhar com meus alunos da maneira que sempre fiz, ensinando os números de forma
ordenada de 1 a 9, de 10 a 99, de 100 a 999 e iniciando com atividades preparatórias, de classificação e seriação, para o ensino do conceito de número (Neli).

O entusiasmo com a resolução de problemas

A Unidade 5.3, que trazia como tema 'Contextualização, resolução de
problemas e construção de significados', foi a que mais despertou a atenção das alunas-professoras, se considerarmos o número de comentários
realizados por elas a respeito.

Elas relataram que foi a unidade mais interessante do curso, pois
nunca haviam pensado em deixar seus alunos tentarem resolver um problema antes de ensinar, que sempre usaram os problemas como aplicação
de operações já ensinadas. Assim, consideraram que o curso proporcionou uma nova leitura de sua prática.

Minha maior surpresa foram os problemas... quando fui apresentada ao bloco dos
problemas eu fiquei extasiada... Porque eu não tinha muita segurança na questão
dos problemas, eu acho que os problemas a gente estava trabalhando depois que
as crianças já sabiam as operações, como se diz, a técnica operatória... me sur-
preendeu... Na minha classe a faixa etária é de 6 anos, quando eu fiz as atividades
eu não interferi em nada. Como já são alunos que estão bem avançados na alfabetização, quase todos alfabéticos, então não tiveram dificuldade, souberam ler,
interpretar, resolveram todos os problemas do bloco 1 e do bloco 2 que era de
multiplicação e divisão, eles resolveram com representação gráfica... coloquei no
portfolio, eu coloquei análise, até os depoimentos, como eles relataram pra mim
eu registrei tudo... Até apresentei naquela videoconferência... (Soraia).

Na minha Vivência Educadora, assisti às aulas de Matemática de uma colega que está
fazendo o PEC, ela está fazendo atividades de cálculo mental... então ela fez uma atividade que era para as crianças colocarem o sinal da operação e colocou na lousa 25
25 = 50, uma criança logo falou o sinal é o de mais. A professora perguntou como é
que ela sabia que era de mais... a criança logo falou que era por causa das moedinhas,
disse que conhecia as moedinhas, ela pensou duas moedinhas de 25 dá 50... (Verinha).

Para aplicar os problemas conversei com a coordenadora que gostaria de ter alunos de uma sala fraca e de uma sala boa. É lógico que os professores me manda-
ram os melhores alunos das salas escolhidas... você sabe o que aconteceu? A professora da classe boa trabalhava bem assim, com palavras-chave, os alunos de sua
classe tiveram todos a mesma atitude... procuravam a palavra-chave para saber
qual a operação que resolvia o problema. Os alunos da outra classe, considerada

fraca, se saíram melhor... acho que na verdade a classe não era fraca, a professora era mais construtivista e os alunos discutiam mais, tornando a classe mais barulhenta... e a outra era uma classe comportadinha... bonitinha... (Maria).

Olha a resolução dos problemas de multiplicação dessa aluna (mostra o protocolo); ela fez como foi falado no curso, pela divisão, uma espécie de uma prova, todos os problemas ela resolveu desse jeito... ela era aluna dessa classe considerada mais fraca, ela me disse que resolveu o problema mentalmente e depois resolveu fazer a conta... esse outro (mostra o protocolo) era de um aluno da classe considerada boa, ele resolveu o problema fazendo uma conta de mais. Quando perguntei porque fez assim, ele apagou rapidamente e fez uma conta de menos... (Maria).

Outra observação freqüente referia-se aos erros dos alunos e à intervenção para que eles pudessem progredir em suas aprendizagens:

Agora deixo os meus alunos tentarem descobrir a solução, antes de explicar e pergunto por que, o que fez, como conseguiu ou por que não conseguiu... eu acho isso dez... essa coisa do professor mandar apagar tudo e começar tudo de novo sem fazer a criança refletir onde errou não ajuda em nada a criança... (Anelise).

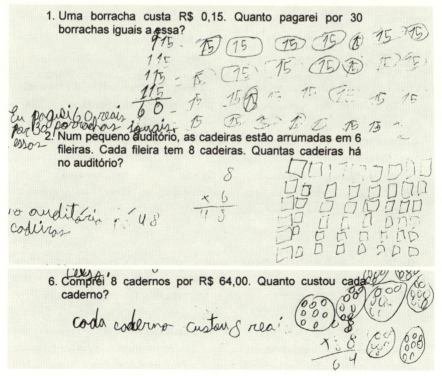

Os comentários de duas alunas-professoras mostram a percepção relativa à dificuldade de fazer uma análise do raciocínio da criança na resolução de um problema se só lhe são oferecidos problemas para aplicar uma dada técnica operatória, já ensinada.

Uma criança da segunda série para quem eu apliquei os problemas, ela esquematizou tudo com palitinhos, e a outra fez tudo com quadradinho, as duas da mesma classe, outro usou a técnica operatória, percebi que as crianças estavam em pontos diferentes da aprendizagem, mas todos chegaram ao mesmo resultado. Como eu estava trabalhando com material dourado, a criança fez tudo com quadradinhos, ou com cubinhos... Sabe, a gente estava tão habituada com as técnicas operatórias, que parece que não se dava muito valor aos conhecimentos que as crianças tinham... a partir do momento em que você dá liberdade à criança para que ela tente resolver o problema da maneira como ela acha que pode, a gente tem mais parâmetro para estar analisando o raciocínio da criança. Eu achei um enriquecimento muito grande aprender a trabalhar dessa maneira. Não dá para fazer uma análise do raciocínio da criança na resolução do problema, se ela só puder resolvê-lo por meio de uma técnica operatória já aprendida. Fica muito pobre essa análise, eu só consigo concluir se ela sabe ou não a técnica operatória que utilizou para resolver o problema. Hoje, se meu aluno pergunta que conta deve ser feita, sempre peço a ele, releia o problema, procure entender e pense como pode resolver o problema... (Nilce).

Minha classe é muito ativa então deixei-os à vontade para resolver os problemas... eu não li, deixei eles tentarem resolver primeiro, sabe, depois desse módulo de Matemática fiquei achando que não trabalho Matemática como devia trabalhar... a gente trabalha Matemática ao contrário do que se deveria fazer, a gente dá as operações, o problema é dado para aplicar as operações, para ver se ele aprendeu, a gente não faz a problematização, não dá uma situação para ver como eles procedem... não se problematiza para ver como é que eles resolvem as operações, a questão de não aprender Matemática não está com eles, está na forma de ensinar... (Verinha).

Analisando os registros efetuados nos *portfolios* das alunas-professoras, identificamos reflexões muito interessantes sobre o uso que elas fizeram das propostas apresentadas no material em suas salas de aula:

Na Atividade 4, página 1.048, foi feita uma reflexão sobre como os professores impõem aos alunos formas rígidas de resolução de problemas, e foram propostos alguns problemas para análise de resolução espontânea dos alunos.

Fiquei intrigada com essa análise e pensei que podia aplicar os problemas na minha classe de 2ª série, para descobrir como cada aluno raciocinava para chegar ao resultado.

Comecei na quadra, na aula de Educação Física, problematizando a seguinte situação: Eram 8 meninos e 4 meninas para jogar bola ao cesto. Para ficar com 2 times com o mesmo número de crianças, o que deveria ser feito?

De pronto, um aluno foi para o grupo das meninas e puxou um colega junto. Cada time ficou com 6 crianças.

Em classe, coloquei esse problema na lousa, pedindo que fizessem como achassem melhor, registrassem como encontraram o resultado e como pensaram para chegar ao resultado.

Comentários de como alguns alunos pensaram e suas características:

Dayane

Desenhou 4 meninas e 8 meninos, circulou 2 meninos e desenhou ao lado das meninas. Registrou a soma: 4 + 8 = 12 e 4 + 2 = 6.

Leonardo

No 1º problema registrou 8 - 2 = 6 e explicou: põe 2 meninos com as meninas daí vão ficar 6 alunos em cada grupo. Ele registrou a situação vivenciada na quadra. Este aluno não fez desenhos, foi direto no cálculo, pois tem facilidade e bom raciocínio.

Vitor

Desenhou 8 meninos e 4 meninas. Riscou 2 meninos e desenhou ao lado das meninas.

Reflexão:

Percebi que sempre propus situações-problema, mas induzia para que fizessem do jeito que eu queria, sempre com continha, com cálculo.

Desta vez dei espaço para que eles se manifestassem e foi uma surpresa realmente muito boa!

A partir dessa experiência, houve maior interesse e participação por parte de todos os alunos, e eu mesma estou mudando minhas estratégias.

Vou continuar registrando e refletindo sobre a produção desses alunos para acompanhar a minha evolução no processo de ensino-aprendizagem, as descobertas e o que eles forem conquistando... (Nilza).

Após alguns dias, a mesma professora escreveu em seu *portfolio* mais algumas de suas reflexões sobre a realização de problemas propostos pelo material com seus alunos.

Propus mais dois problemas e deixei as crianças resolverem. Eles faziam parte do material do PEC. Eram do campo aditivo, e envolviam a idéia de comparação.

A mesma idéia do problema que as crianças vivenciaram na quadra. Não falei nada a eles. Deixei que tentassem resolver da maneira como achavam certo. Observei as mesmas crianças.

1. Domingo, minha mãe fez 36 pãezinhos para o lanche. Minha tia também fez pãezinhos, mas fez 8 a menos. Quantos pãezinhos fez minha tia?

2. Leila possuía uma certa quantidade de figurinhas. Ganhou 8 de sua irmã e ficou com 15. Quantas figurinhas ela possuía inicialmente?

Dayane

No 1º problema desenhou 36 pãezinhos. Não soube responder quantos pãezinhos a tia fez. Lemos o problema outra vez e a partir do 9º pãozinho numerou de 1 ao 28 e chegou ao resultado.

No 2º problema desenhou 15 figurinhas e numerou cada uma. Circulou 8 figurinhas. Contou o restante e registrou 7.

Leonardo

No 1º problema fez o seguinte cálculo: 36 - 8 = 28 e registrou: A minha tia fez 28 pãezinhos e minha mãe fez 36 pãezinhos.

No 2º problema fez o cálculo 15 - 8 = 7 e registrou: Antes ela tinha 7, agora ela tem 15, porque 7 + 7 é igual a 14 e 8 + 8 é igual a 16, então um a menos do que 16 e um a mais do que 14 são 15.

No 2º problema, quando passei na sua carteira, já tinha feito o cálculo. Perguntei o que pensou ao fazer o cálculo. Ele me disse. Você pediu que registrasse.

Vítor

No 1º problema desenhou 36 pãezinhos e apagou 8. Registrou 28, 'vitioto' pães.

No 2º problema desenhou 15 figurinhas mais 8 figurinhas. Lemos o problema várias vezes. Então apagou 8 figurinhas que estavam sobrando e pintou 8 figurinhas das 15. Com ajuda escreveu: Ela possuía 7 figurinhas.

Reflexão:

Notei que no problema vivenciado na quadra eles tiveram menos dificuldade de 'colocar' no papel, mas sei que as crianças precisam evoluir, que nem sempre devem vivenciar a situação para só depois registrar seu raciocínio. O curso do PEC me mostrou muita coisa a respeito da resolução de problemas. Tantos anos no magistério e nunca tinha pensado assim, nunca tinha trabalhado dessa forma (Nilza).

A preocupação com os registros das crianças passou a merecer atenção constante das alunas-professoras.

Nas situações-problema, gostei de ver a maneira de registrar os resultados dos problemas. Não só com os cálculos, mas construindo, registrando o raciocínio dos alunos. A partir daí, dando oportunidade e liberdade para que possam resolver as atividades (Nilza).

Nos depoimentos, também foram relatadas as dificuldades que encontravam e que estavam relacionadas à 'sistematização dos conhecimentos', à 'interpretação do texto do problema', bem como ao seu próprio papel na intervenção.

> Minha maior dificuldade é sistematizar, enquanto os alunos resolvem os problemas com palitinhos ou desenhos eles conseguem, na hora de fazer as contas, eles não sabem qual é a operação que devem usar para resolver o problema... como naquele livro na escola 10, na vida zero, (risos do grupo), não... na vida 10, na escola zero... (Silviane).
>
> Não sei como fazer para que melhorem na interpretação dos problemas... sei que o entendimento de um texto de um problema é diferente do entendimento do texto de uma poesia, de um conto, de uma entrevista, o texto de um problema tem características diferentes, mas não sei como fazer... os livros didáticos não trabalham com o entendimento do texto do problema... como fazem com os textos em português (Anelise).

Um aspecto bastante comentado pelas professoras referiu-se à categorização de Vergnaud para os problemas pertencentes ao que ele denomina 'campo aditivo'. Segundo elas, esse estudo proporcionou o aprofundamento dos conhecimentos didáticos dos conteúdos matemáticos no sentido de possibilitar que elas identificassem tipos de problemas que não eram trabalhados e a necessidade de desenvolvê-los junto a seus alunos:

> Teve muita coisa interessante viu, mas uma coisa que me chamou a atenção, muito mesmo, é aquela parte dos problemas... mostrando uma visão que a gente não tem, a gente dá os problemas, mas aquela lá que está falando, sabe, a classificação dos problemas... Vergnaud é isso? ... fez com que eu tivesse outra visão dos problemas, a busca do terceiro estado... foi muito importante conhecer essa tabela (a tabela com a classificação dos problemas do campo aditivo de Vergnaud), conhecer essa tabela fez eu ter consciência de por que estar dando aqueles problemas... tinha alguns tipos de problemas que eu trabalhava mais do que outros...
>
> Nem sempre a gente se preocupa com problemas que buscam o estado inicial... nem sempre a gente está buscando o raciocínio inverso, a gente dá mais o óbvio para eles... seria uma operação inversa e nessa as crianças têm mais dificuldades... mas tem muitas outras coisas... pra que servem os números achei superlegal... apliquei inclusive na pré-escola (Maria).

Em outro depoimento essa mesma aluna-professora destaca:

Acho que o mais tenho dificuldade de trabalhar com os alunos a situação-problema, o raciocínio, eles pensarem o que fazer... Eu apliquei os probleminhas, teve aluno que resolveu certo e calculou mentalmente. Eu pedi agora você faz a continha ou o desenho, mas aí ele sentiu dificuldade. Teve aluno que não conseguiu. Teve aluno que resolveu todos com a mesma operação, a adição, igual aos da pesquisa do Vergnaud...
Então eu acho que o problema é a parte mais difícil de trabalhar...
Saber ler, entender e poder calcular... o mais difícil... (Maria).

Dentre os depoimentos encontram-se alguns que reforçam as práticas anteriores da aluna-professora, como podemos observar no exemplo transcrito na seqüência. Trata-se da mesma aluna-professora que já havia feito comentários sobre o trabalho com a numeração, referendando a prática por ela desenvolvida.

Minha classe é mais apática, mas os resultados foram muito pouco abaixo da classe da Verinha. Antes dos alunos resolverem os problemas, precisei ler e explicar os problemas e dar exemplos de problemas parecidos... meus alunos não resolvem problemas, pois têm muitas dificuldades na leitura e interpretação e só resolvem os problemas se eu fizer a leitura deles e explicar o que querem dizer...
Mesmo depois de dar alguns exemplos, assim mesmo eles não conseguiram entender... hoje, eu decidi explicar um por um e aí eles falaram, era isso que era para fazer?... e no final perguntei por que vocês acham que erraram, e muitos responderam que erraram porque não leram... (Neli).

As discussões sobre o cálculo na escola hoje

Como ressaltamos, a discussão acerca de situações didáticas de resolução de problemas e referentes às operações e seus significados chamou muito a atenção das alunas-professoras. Mas o papel do cálculo na escola hoje também foi bastante comentado, ou seja, o debate sobre cálculo mental e escrito, cálculo exato e aproximado e o uso da calculadora revelou-se uma novidade para elas.

Todas elas declararam que trabalhavam apenas o cálculo escrito, com lápis e papel, e afirmaram que a discussão sobre o cálculo mental foi muito importante, especialmente pelo seu uso freqüente no cotidiano das pessoas.

Nunca tinha percebido que eu mesma faço tanto cálculo mental e que o cálculo escrito acabo fazendo só na escola, quando ensino meus alunos (Maria).

Eu percebi que muitos dos meus alunos resolvem os problemas por meio de cálculos mentais... por causa da monografia eu fui perguntando como pensaram e anotei do lado... para depois analisar... (Verinha).

A gente tem que interferir e perguntar como é que ele pensou e tentar partir daí para ensinar a técnica operatória, senão ele vai achar que a Matemática que ele aprende na escola não serve para nada, pois ele não usa essas técnicas operatórias na hora de fazer seus cálculos mentais... (Neide).

Nas aulas que assisti, durante a Vivência Educadora, na primeira série, achei que a professora se saiu bem, ela trabalhou bastante cálculo mental, trabalhou com tabelas, mas acho que faltou o concreto, era o giz, a lousa e ela (Natali).

Na Vivência Educadora, eu adorei entrevistar, olhar documentos, assistir aulas, é uma forma da gente refletir sobre a nossa prática... você está vendo a professora e você vê o que eu faço ela faz, o que eu deveria fazer ela também deveria, eu gostei... eles receberam bem, a professora também, deu abertura... eu não sei por que ela estava trabalhando só multiplicação, só as continhas, sem problemas, a preocupação dela é que eles aprendessem as continhas, as tabuadas, então eles tinham as tabuadinhas deles para consultar e fazer as contas, até a última atividade eram contas... eu sempre procurei contextualizar, mesmo antes de fazer o curso... probleminhas eu sempre faço... eu procuro contextualizar bastante, isso aí na minha prática eu já fazia antes do curso, contextualizava bastante... (Nilce).

Mas o grande questionamento das alunas-professoras relacionava-se ao uso da calculadora:

Sabe, a gente se questiona muito. Às vezes a gente cobra dos nossos alunos uma coisa que lá fora não 'é cobrado, ou é cobrado de outra forma'. Veja o caso da calculadora. Sei que se meu aluno for prestar um concurso ele não poderá usar a calculadora, então a gente fica pensando, será que estou agindo certo?... Percebi no vídeo a preocupação da professora em salientar que a calculadora não era para ser usada para fazer cálculos, mas que nas atividades propostas a calculadora servia como uma ferramenta que ajuda desenvolver o raciocínio (Natali).

Mesmo com preocupação percebi a importância de se criar momentos para o uso da calculadora na sala, pois atrai as crianças e é necessário a elas ter esse conhecimento para situações em que vivem (Terezinha).

Gostei muito da teleconferência do professor Ubiratan. Ela respondeu alguns de meus questionamentos, mas ainda tenho muito a aprender. Já desenvolvia um trabalho usando os PCN de Matemática, mas tinha muitas dúvidas em relação ao uso da calculadora, principalmente com relação aos tipos de atividades que poderia desenvolver com meus alunos usando calculadora. Hoje, depois da TC do professor Ubiratan, sinto-me mais segura para usar a calculadora com meus alunos, mas espero ter outros momentos no curso para aprofundar essas discussões. O importante é que tudo o que tenho estudado até agora tem me propiciado muitas reflexões e muitas discussões (Natali).

Um aspecto discutido nesta unidade, que me levou a repensar minha prática pedagógica, foi o uso da calculadora, pois sempre achei que primeiro você precisa dominar as quatro operações para depois poder usar uma calculadora. Nunca vi a calculadora com outra finalidade na sala de aula, se não para resolver contas. Acreditava que a utilização da calculadora 'inibiria' a aprendizagem das quatro operações (Anelise).

Segundo elas, as atividades propostas no curso de formação proporcionaram maior segurança para que experimentassem desenvolver algumas delas com seus alunos.

Sabe o que gostei, foi uma atividade de decomposição de números, por exemplo, 137 a gente só decompunha da mesma forma 100 + 30 + 7, aí tinha uma atividade com calculadora para que aparecesse no visor 137, usando apenas os números 1 e 0. fiz com as crianças, pois quase todos têm calculadora, foi um sucesso, a maioria fez 100 + 10 + 10 + 10 + 1 + 1 + 1 + 1 + 1 + 1 + 1. Sabe, eu tinha dúvidas com relação ao uso da calculadora, mas depois do curso, percebi que dependia dos objetivos que eu tinha podia usar ou não a calculadora. Nas teleconferências, a gente percebe que têm posições contra e a favor, e fica meio inseguro, mais perdido, mas o professor Ubiratan foi tão enfático que eu resolvi testar com meus alunos (Nilce).

Outras observações sobre a constituição de conhecimentos didáticos dos conteúdos matemáticos

Uma crítica das alunas-professoras ao curso referiu-se à pouca atenção dada ao uso de jogos nas aulas de Matemática. Mesmo assim, algumas encontraram nos jogos a motivação para fazer sua monografia.

Acredito que os jogos podem fazer parte de todas as disciplinas, como acabam fazendo, mas o módulo de Matemática me fez optar por jogos em Matemática...

acredito que os jogos podem fazer parte de todas as disciplinas, mas em Matemática são fundamentais, pois as crianças rejeitam a Matemática, costumam achar que não sabem, que não vão conseguir, e lá, no jogo, as crianças agem espontaneamente, isso que é gostoso da gente verificar como é que o jogo influencia a aprendizagem deles... porque não tem cobrança, não é uma prova... é um desafio para ver quem vai vencer e tudo para eles é assim... quando as crianças aprendem a respeitar as regras de um jogo, elas exigem que os coleguinhas também respeitem as regras... no jogo de amarelinha, o primeiro tem que ser o primeiro, o último tem que ser o último, ele tem que aceitar que ele não pode passar na frente do coleguinha... no jogo de pula corda também... então praticando com as crianças desde o começo, elas vão adquirindo essas normas... e por isso é que o jogo é importante... pelo menos eu acredito... (Sandi).

Por outro lado, o que elas consideraram muito positivo para sua formação, especialmente quanto a conhecimentos didáticos dos conteúdos, foi o fato de não apenas conhecerem pesquisas realizadas, mas também serem estimuladas a coletar e analisar dados junto a seus alunos, a observar os procedimentos que seus alunos utilizam, a entrevistá-los para identificar como pensaram, como resolveram. Destacaram que as tarefas de buscar nos erros dos alunos, por exemplo, caminhos que os levassem ao acerto, valorizando as estratégias pessoais e a lógica de cada um, foi, sem dúvida, um dos aspectos fortes da formação.

Com relação à Língua Portuguesa, ou melhor, à alfabetização, eu tinha idéia de que os erros eram um tipo de conhecimento das crianças, mas nunca havia transferido isso para a Matemática. Por isso foi muito significativo trabalhar essa perspectiva (Neide).

Eu achei ótimo olhar para as resoluções dos meus alunos e compará-las com os resultados de pesquisas realizadas que conheci no curso... (Terezinha).

Esses depoimentos nos remetem às considerações de Azcárate (1999), que salienta, como estratégia de formação fundamental, a investigação de um problema de caráter profissional, levando em conta o contexto de atuação dos futuros professores, de forma a possibilitar um processo de indagação, reflexão e estudo por parte deles, no sentido de realmente se sentirem implicados e interessados.

As alunas-professoras e os conhecimentos do currículo de Matemática dos anos iniciais do Ensino Fundamental

Como já evidenciamos ao longo de nosso trabalho, estamos nos referindo a conhecimentos sobre os currículos da disciplina, no sentido proposto por Shulman (1886), o que engloba a compreensão do programa, mas também o conhecimento de materiais que o professor disponibiliza para lecionar sua disciplina, a capacidade de fazer articulações horizontais e verticais do conteúdo a ser ensinado e a história da evolução curricular desse conteúdo escolar. Analisando os depoimentos e os textos, identificamos aspectos ligados a esses temas, que passamos a apresentar.

A surpresa referente ao conhecimento de diversos momentos da trajetória de organizações curriculares

Em seus depoimentos, as alunas-professoras revelaram sua surpresa em relação ao contato com propostas curriculares mais antigas e sobre as motivações que levaram à sua formulação. Fizeram também comentários sobre a leitura dos Parâmetros Curriculares Nacionais, os PCNs.

> Gostei da análise dos Guias Curriculares (eu não conhecia), da Proposta Curricular do Estado de São Paulo, das Atividades Matemáticas (que eu usei mas não tinha uma reflexão a respeito). A comparação delas com os PCNs foi muito boa (Maria). Achei o estudo dos documentos interessante, mas o que mais gostei foi de analisar meu plano de ensino, comparando com essas propostas, coisa que a gente não faz na escola (Silviane).

> Os PCNs, a gente lia, mas não entendia, tinha acesso, estava tudo ali e só agora percebi isso... mas a gente não tinha o olhar para entender o que o PCN queria dizer... estou doida para chegar o ano que vem... a gente já pode traçar o ano... (Anelise).

> Na escola a gente diz que se baseia nos PCNs, mas não... nem conhecemos direito. Eu sempre ouvi falar dos PCNs, eu recebi aquele da Nova Escola, mas eu fui entender os PCNs mesmo esse ano aqui no PEC, eu sempre perguntava para a diretora e ela dizia que não tinha tempo para trabalhar conosco... e esse ano que fui ver os PCNs, só aqui no PEC (Neide).

Outra reflexão que as alunas-professoras consideraram relevante está relacionada aos resultados das avaliações externas – Saeb/Saresp e ao desempenho dos alunos do Ensino Fundamental em Matemática.

> **TEMIDADE 5.4 _ ATIVIDADE 5**
> temas incorporados na matemática
>
> A escola tem o dever de formar cidadão capaz de atuar na sociedade de forma participativa e consciente, para isso precisa proporcionar ao educando condições para o desenvolvimento das habilidades necessárias para a resolução de situação problema presente no seu cotidiano.
>
> Como a sociedade está em constante transformação de costumes e valores, faz-se necessário formar indivíduos que saibam buscar e trabalhar com as informações necessárias para o desempenho de determinada função e que consiga adquirir conhecimentos necessários para atender a demanda atual no processo de evolução da sociedade.
>
> Com vistas a esta demanda o currículo de matemática deve abordar elementos de estatística, de combinatória e da probabilidade (tratamento de informação) desde os anos iniciais do Ensino Fundamental, pois o pensamento estatístico e probabilístico faz parte do mundo atual.

Essas avaliações poderiam ser usadas para fazer mudanças nos currículos, mostrando o que precisa ser melhor trabalhado (Anelise).

A competência para analisar livros didáticos

Segundo os depoimentos das alunas-professoras, as atividades de análise de livros didáticos foram fundamentais, porque geralmente o professor não se sente competente para avaliar o que um autor propõe, ressaltando que a aprendizagem oferecida pelo curso pode auxiliar na escolha de livros didáticos na escola. Além disso, essas atividades contribuíram para o aprofundamento de conhecimentos curriculares.

Creio que toda a minha prática de professor na área de Matemática será mudada. Sempre dei muita ênfase ao ensino das operações e nunca pensei em resolver problemas sem usar 'contas'. Ao voltar para a sala de aula no ano vindouro, creio que serei uma nova professora de Matemática, tanto no escolher o conteúdo como também no desenvolvê-lo e para escolher o livro que vou usar. Tenho uma nova visão sobre a Matemática e como fazer Matemática (Nilza).

Sabe, o que achei super interessante foram as análises de livros didáticos. Toda vez que temos que escolher livros didáticos, é tudo feito em cima da hora, da próxima vez já temos uma visão de vários livros e do que deve ser trabalhado, assim fica mais fácil escolher o livro. Já fiz um resumo dos livros que analisei e tirei xerox para as colegas da escola que não estão fazendo o PEC, pois a escolha dos livros é feita em grupo e a gente que já tem essa visão pode ajudar os colegas.... (Terezinha).

Falando em livro, achei uma coleção, que não vou lembrar o nome, mas deixei separado para o ano que vem, achei muito bom, já vem separado o tratamento da informação, o espaço e forma, já vem tudo assim, as medidas e grandezas, eu achei muito bom, inclusive eu estava comentando que para o ano que vem a gente já consegue fazer na grade de aula, muito mais elaborada, você pode dar um dia para trabalhar com medida, você pode dar um dia para geometria, você pode trabalhar a situação-problema, claro que não precisa separar uma coisa da outra tanto, mas cada dia você pode dar uma coisa, colocar um objetivo, acho que inclusive fica muito melhor para elaborar, também nas outras áreas (Silviane).

Considerações finais

Conforme aludido no início deste capítulo, a partir das primeiras entrevistas já foi possível constatar que as três vertentes do conhecimento estavam muito imbricadas na fala das alunas-professoras, evidenciando que uma formação que pretenda ser bem-sucedida deve se organizar de modo que não desarticule aquilo que já é necessariamente articulado na prática docente: conhecimentos matemáticos, didáticos, curriculares, teóricos e práticos.

Outro aspecto realçado diz respeito à importância de estabelecer os conteúdos da formação com a escola real e não hipotética, com alunos reais e não idealizados. O entusiasmo manifestado pelos professores, no sentido de que resultados de pesquisa e teorias formuladas podiam ganhar significado em sua escola e que estavam relacionados a seus alunos, foi muito forte, como pudemos verificar em seus depoimentos e nos textos que elaboraram.

Por fim, reputamos que o material coletado e analisado em nossa pesquisa de campo corrobora a afirmação de Blanco & Contreras (2002), no sentido de que, quando professores têm pouco conhecimento dos conteúdos que devem ensinar, despontam dificuldades para realizar situações didáticas, eles evitam ensinar temas que não dominam, mostram insegurança e falta de confiança perante circunstâncias não previstas, reforçam erros conceituais, têm maior dependência de livros didáticos, tanto no ensino como na avaliação, e se apóiam na memorização de informações para atuar.

(capítulo 6) **REFLEXÕES FINAIS E RECOMENDAÇÕES**

Ao reproduzir os momentos cruciais no desenvolvimento do professor podemos reviver descontinuidades e discrepâncias e dar-lhes um significado consciente para explicar futuras ações (BUTT, RAYMOND e TOWSEND, 1992, in MARCELO, 1999).

Introdução

Neste capítulo, apresentaremos nossas reflexões sobre a investigação que realizamos, buscando responder às questões de pesquisa que foram formuladas, e faremos algumas recomendações, tanto no que se refere à necessidade de novas investigações sobre a formação de professores polivalentes, na área da Educação Matemática, como no que concerne à reformulação dos cursos que formam esses professores.

O conhecimento do professor polivalente e os conhecimentos para ensinar Matemática: as indicações das pesquisas e nossas reflexões

Uma das questões formuladas nesta pesquisa era: 'O que as investigações já existentes revelam sobre o conhecimento do professor? Em particular, o que as investigações já existentes, na área de Educação Matemática, revelam sobre os conhecimentos do professor polivalente para ensinar Matemática?'.

Em primeiro lugar, chama-nos a atenção a existência de uma grande concentração de trabalhos de investigação sobre formação de professores, nas duas últimas décadas do século passado, conforme podemos observar pelas datas de referências de autores citados freqüentemente na literatura: Perrenoud (1999, 2003), Schön (1992, 2000), Nóvoa (1992), Shulman (1986, 1987, 1992), Tardif (2000, 2002). No Brasil, de acordo com os estudos apresentados por Fiorentini et al (2003), as pesquisas na área de Educação Matemática sobre formação de professores também se concentram nessas duas décadas.

Uma possível justificativa pode estar relacionada ao fato de que a expectativa de atuação desse profissional foi alterada: de simples 'transmissor' de conhecimentos, o professor passou a desempenhar diferentes papéis, como organizador, consultor, mediador e incentivador da aprendizagem de seus alunos relativamente a um dado campo do saber. Como conseqüência, um largo espectro de investigações se configura, buscando compreender como conhecem, como pensam, como atuam, que conhecimentos produzem esses profissionais.

Os resultados de pesquisas e as teorias formuladas que analisamos nos permitem identificar:

a) Características do conhecimento do professor: o conhecimento do professor é dinâmico, manifesta-se na ação, sofre influência de sua escolarização pré-profissional, é situado no contexto escolar, revela-se na realização de tarefas profissionais e eexperienciais.

b) Conhecimentos do professor considerados essenciais para ensinar Matemática: conhecimento dos objetos de ensino, dos conceitos definidos para a escolaridade em que ele irá atuar, mas indo além, tanto no que se refere à profundidade desses conceitos como à sua historicidade, articulação com outros conhecimentos e tratamento didático; conhecimento da natureza da matemática, de sua organização interna, apreensão dos princípios subjacentes aos procedimentos matemáticos e os significados em que se baseiam esses procedimentos; conhecimento do fazer Matemática, incluindo a resolução de problemas e o discurso matemático; entendimento de idéias fundamentais da Matemática e seu papel no mundo atual; conhecimento sobre a aprendizagem das noções matemáticas e do processo instrutivo (planejamento do ensino, representações, rotinas e recursos instrucionais, das interações e tarefas acadêmicas); conhecimento de conceitos, proposições e procedimentos matemáticos; conhecimento da estrutura da Matemática e de relações entre temas matemáticos; conhecimento sobre o desenvolvimento de habilidades como a resolução de problemas.

c) Influência de crenças, de concepções e de atitudes no conhecimento do professor para ensinar Matemática: as crenças e concepções que os professores têm sobre a Matemática e seu ensino interferem na constituição de seus conhecimentos, interagem com o que ele sabe da Matemática, influenciando a tomada de decisões e as ações do professor para ensinar Matemática; quando os futuros professores chegam às escolas de formação já vivenciaram uma experiência de muitos anos como alunos e desenvolveram crenças em relação à Matemática e seu ensino, implicando a necessidade de refletir sobre essas crenças nas escolas de formação; as crenças fazem parte do conhecimento pertencente ao domínio cognitivo e são compostas por elementos afetivos, avaliativos e sociais; as atitudes são uma predisposição avaliativa de decisão, que determinam as intenções pessoais e influem no comportamento da pessoa. A atitude compreende três campos: um cognitivo, que se manifesta nas crenças subjacentes a essa atitude; um afetivo, que se apresenta nos sentimentos de aceitação ou de rejeição de uma tarefa; e uma atitude intencional, de tendência a certo tipo de comportamento; as atitudes matemáticas têm caráter marcadamente cognitivo e se referem ao modo de utilizar capacidades gerais, como a flexibilidade de pensamento, o espírito crítico, a objetividade, competências importantes no trabalho em Matemática. Se as escolas de formação de professores não trabalharem as crenças dos futuros professores, elas poderão se tornar obstáculos ao desenvolvimento de propostas curriculares mais avançadas do que aquelas que os estudantes para professor vivenciaram em seu tempo de estudante.

Observamos que as investigações e as teorias concernentes à formação de professores, de modo geral, caracterizam um profissional genericamente chamado 'professor', independentemente do nível de escolaridade em que ele vai atuar e da(s) disciplina(s) que vai ensinar. São discutidas competências profissionais e indicadas peculiaridades do conhecimento do professor (dinâmico e contextualizado, um saber que se revela na ação e se situa num dado contexto). Evidentemente, essas investigações representam um avanço muito importante, mas precisam ser aprofundadas em função de especificidades, como é o caso do nível de escolaridade em que o profissional professor atua e a(s) disciplina(s) que ensina.

Na leitura dessas pesquisas, notamos que o aprofundamento das investigações sobre a atuação do professor evidencia a complexidade dessa profissão e, conseqüentemente, dos processos de formação – inicial e continuada – para exercê-la. São muitas as competências profissionais para ensinar: para os professores especialistas numa disciplina, há os conhecimentos específicos, mas também os estilos de aprendizagem dos alunos, seus interesses, suas motivações, as dificuldades que os alunos podem apresentar, a gestão da sala de aula, apenas para citar algumas necessidades. No caso de professores polivalentes, essas demandas se multiplicam, pois, como trabalham com diferentes áreas de conhecimento, é preciso 'saber' várias disciplinas para 'ensiná-las'.

Há ainda outro fator a levar em conta: professores especialistas escolhem formar-se para ensinar disciplinas com as quais, presumivelmente, têm afinidade. No caso dos professores polivalentes, é possível que tenham que ensinar disciplinas com as quais tenham pouca ou nenhuma afinidade. Em relação à Matemática, é provável que essa situação seja bastante freqüente. Como verificamos em estudos como os de Schön e de Tardif, o conhecimento do professor tem influência de sua trajetória pré-profissional e sofre a influência de suas experiências como aluno da Educação Básica, que no caso da Matemática não são, freqüentemente, muito positivas.

Com essas considerações, queremos destacar, de um lado, o avanço que representa o fato de a formação de professores constituir um objeto fundamental de investigação no terreno educativo. Por outro lado, julgamos que ainda é muito incipiente o movimento de produção de investigações sobre aspectos mais específicos da formação, que utilizem as teorias formuladas e os resultados de pesquisas já realizadas. Identificamos aí uma proposta e um desafio para a comunidade de pesquisadores na área de Educação Matemática.

Os cursos de formação dos professores polivalentes e a formação desse profissional para ensinar Matemática

Com relação à pergunta 'como (e se) os cursos de formação dos professores polivalentes, ao longo de sua história, contemplaram e trataram a formação desse profissional, para ensinar Matemática', em nossa pesquisa sobre os cursos de formação dos professores polivalentes, do início ao momento presente, ficou bastante evidente o predomínio de uma formação generalista, assentada nos fundamentos da educação, que não considera a necessidade de construir conhecimentos sobre as disciplinas para ensiná-las, deixando transparecer uma concepção de que o professor polivalente não precisa 'saber Matemática', basta saber como ensiná-la.

Se no Curso Normal os professores em formação estudavam os conteúdos programáticos do então Curso Primário – as quatro operações fundamentais com números naturais e racionais na forma fracionária, algumas noções de medidas, de proporcionalidade, incluindo porcentagem, regra de três e juros –, o que é passível de críticas por se limitar apenas ao que seria ensinado, o fato é que até mesmo esses estudos básicos foram abandonados e que, em determinados momentos da história, sequer havia a disciplina de Matemática nos cursos de formação de professores.

Reputamos muito interessantes, para a compreensão desse fato ocorrido em nosso país, as análises de Shulman (1992) referentes às décadas de 1970 e 1980, identificando a ausência de preocupação com os objetos de ensino e a forte ênfase nas metodologias de ensino. Usando a expressão 'paradigma perdido', Shulman coloca em destaque a mudança do foco do 'o que ensinar' para o 'como ensinar', que se reflete na formação dos professores, fazendo com que procedimentos de ensino assumissem mais importância do que o estudo dos objetos de ensino. Conforme destacamos no Capítulo 3, no livro A nova metodologia da aritmética, de Thorndike (1929), que exerceu influência no Brasil, a finalidade expressa era a aplicação dos princípios descobertos pela 'Psicologia do aprendizado', pela 'Pedagogia experimental' e pela observação da prática escolar bem-sucedida.

Outra constatação relevante refere-se aos impactos de algumas legislações, como foi o caso da redução do tempo da formação profissional do professor polivalente, por ocasião da promulgação da LDBEN 5.692/71. Provavelmente, em função dessa redução de tempo, o futuro professor optava pelo aprofundamento de estudos para exercer o magistério na 1ª e 2ª séries, ou nas 3ª e 4ª séries, mas na prática terminava por lecionar em qualquer uma das quatro séries. Como os programas das 'Didáticas' diferenciavam-se de acordo com a escolha de especialização do futuro professor, o contato dos que optavam pela 1ª e 2ª séries, com conhecimentos específicos de Matemática, por exemplo, era bastante restrito.

No entanto, na década de 1980, a literatura aponta uma experiência interessante: a criação do Centro Específico de Formação e Aperfeiçoamento do Magistério – Cefam, destinado não apenas à formação inicial de professores polivalentes, mas também do professor em exercício (formado ou leigo), permitindo uma ligação permanente entre a escola de 1º grau, a pré-escola e a instituição do Ensino Superior. No entanto, as grades curriculares dos Cefam ainda tomavam como base a Lei 5.692/71 e, no geral, os problemas já indicados relativos às disciplinas objeto de ensino, permaneceram nesses centros. É relevante assinalar que nas grades dos Cefam a denominação de disciplinas como Conteúdos e Metodologia das Ciências e da Matemática pode denotar uma tentativa de resgate do estudo dos objetos de ensino, junto às metodologias para ensiná-los.

Analisando a situação mais recente, em particular os pareceres e resoluções sobre formação de professores[30], podemos inferir que eles foram influenciados por teorias e pesquisas sobre formação de professores que

---

30 Parecer CNE/CP n. 9. Institui Diretrizes Curriculares Nacionais para a Formação de Professores da Educação Básica, em nível superior, curso de licenciatura, de graduação plena. Brasília, 8 maio 2001; Resolução CNE/CP n. 1. Institui Diretrizes Curriculares Nacionais para a Formação de Professores da Educação Básica, em nível superior, curso de licenciatura, de graduação plena – DCNFP. Brasília, 18 fev. 2002.

circulam na comunidade nacional e internacional. Por exemplo, a noção de competência profissional, formulada por Perrenoud, está presente nas Diretrizes Curriculares para formação do professor da Educação Básica como um dos eixos norteadores dos projetos de formação de professores.

Os documentos legais parecem também se posicionar favoravelmente às idéias veiculadas por Schön (1983), propondo uma nova epistemologia da prática, centrada no saber profissional, tomando como ponto de partida a reflexão na ação e defendendo uma formação que inclua um componente de reflexão a partir de situações práticas reais, que permitirá ao profissional se sentir capaz de enfrentar situações novas e diferentes e de tomar decisões apropriadas quando necessário.

Também é possível conjecturar que os debates realizados em função de denúncias como a de Shulman, sobre o 'paradigma perdido', tenham levado legisladores a enfatizar a importância do estudo dos objetos de ensino.

No entanto, como os documentos formulados apresentam diretrizes amplas para a formação, pesquisas que tratam de questões mais específicas da formação – como as referentes à formação de professores polivalentes para ensinar Matemática, por exemplo – não exercem muita influência na discussão e reorientação dos cursos.

As mudanças na legislação são ainda bastante recentes, o que significa que nem todas as instituições de ensino superior reelaboraram seus projetos institucionais e pedagógicos. Entretanto, na análise que fizemos das ementas de cursos das disciplinas da área de Matemática, de 36 cursos de Pedagogia (que haviam sido reformuladas a partir de 2000) e de 6 Cursos Normais superiores recém-criados, verificamos a presença maciça das disciplinas denominadas Metodologia de Ensino de Matemática e Conteúdos e Metodologia de Ensino de Matemática, permitindo inferir que os cursos de Pedagogia elegem as questões metodológicas como essenciais à formação de professores polivalentes.

Examinando as ementas de disciplinas que possuíam algum vínculo com a Matemática, organizamos a indicação de conteúdos e assuntos, independentemente de sua maior ou menor ocorrência, com a finalidade de repertoriar o que presumivelmente está sendo ensinado nesses cursos.

(I) Nos cursos de Pedagogia:

Conteúdos ligados à Matemática que o professor vai ensinar: construção do número e as quatro operações com números naturais; números racionais (com ênfase na representação fracionária), porcentagem, juros, sistema legal de unidades de medida, construção de sólidos geométricos, geometria plana, resolução de problemas, conteúdos matemáticos relativos aos campos da lógica, do espaço e do número em suas inter-relações.

Conteúdos referentes à revisão dos anos finais do Ensino Fundamental: conjuntos numéricos: inteiros, fracionários; expressões numéricas, potenciação e radiciação, equações e inequações, produtos notáveis, razão e proporção, regra de três, porcentagem simples.

Conteúdos referentes a Estatística: importância e aplicação dos conceitos estatísticos básicos tanto descritivos quanto inferências na análise de situações e problemas da realidade educacional brasileira, a estatística como instrumento de pesquisa educacional, organização de dados, medidas de tendência central, variabilidade; noções de cálculo probabilístico.

Conhecimentos didáticos dos conteúdos matemáticos: abordagem teórico-prática das questões fundamentais relativas ao ensino de Matemática nas séries iniciais do Ensino Fundamental; processos utilizados na resolução de problemas matemáticos; a Matemática segundo as teorias das inteligências múltiplas; a linguagem matemática enquanto forma de interpretar o mundo; a Matemática e o cotidiano; a relação conteúdo–metodologia; elaboração e análise de práticas; o compromisso docente enquanto agente de transformação social: implicações pedagógicas; história da Matemática; análise das teorias do conhecimento: racionalismo, empirismo, dialética como instrumento de desenvolvimento do conhecimento matemático; características da geometria e da aritmética; construção, pela criança, do conceito de número, do sistema de numeração decimal, da quantificação e relação de quantidades, de formas e medidas geométricas e suas possíveis combinações; conteúdos fundamentais da Matemática e suas metodologias para a construção do pensamento lógico-matemático e as possíveis adequações às diferenças individuais; alfabetização na Matemática; fundamentação psicológica do ensino de Matemática nas séries iniciais; literatura e Matemática; a função da Matemática na interpretação do real e no desenvolvimento do pensamento lógico matemático da criança; abordagem e discussão de metodologia de ensino; exames de processos e técnicas de ensino condizentes com o interesse e a capacidade intelectual das crianças; recursos metodológicos para o ensino de Matemática: o jogo, materiais estruturados, a história do conceito, a resolução de problemas, o uso de calculadoras e computador, multimídia; Matemática na sociedade informatizada.

Conhecimentos sobre currículos de Matemática: estudo dos objetivos do ensino de Matemática; análise de documentos de orientação curricular para o ensino de Matemática.

(II) Nos Cursos Normais superiores

Conteúdos ligados à Matemática que o professor vai ensinar: números e sistema de numeração; o histórico dos sistemas de numeração; grandezas e medidas; espaço e forma; figuras tridimensionais e bidimensionais; simetrias; grandezas geométricas: áreas e perímetros; tratamento da informação.

Conteúdos destacados explicitamente como revisão do Ensino Fundamental: revisão dos conteúdos matemáticos indicados nos Parâmetros Curriculares nos diversos níveis de Ensino Básico: o estudo dos números e das operações (no campo da Aritmética e da Álgebra), o estudo do espaço e das formas (no campo da Geometria) e o estudo das grandezas e das medidas (interligações entre os campos da Aritmética, da Álgebra e da Geometria).

Conteúdos ampliadores do conhecimento matemático do professor: a Matemática como objeto de estudo, o papel da Matemática nas sociedades contemporâneas, a visão geral da história da Matemática: a Matemática prática, empírica, como ciência teórica, a Matemática contemporânea, as idéias centrais da Aritmética, da Álgebra, da Geometria, da Estatística, da Combinatória e da Probabilidade.

Conhecimentos didáticos dos conteúdos matemáticos: tendências no ensino da Matemática; resolução de problemas e história da Matemática; o recurso aos jogos matemáticos; literatura infantil e Matemática; abordagens metodológicas adequadas à construção do conhecimento matemático, tomando como referencial a prática social dos alunos e o cotidiano da sala de aula; reflexão sobre os pressupostos teórico-epistemológicos subjacentes à prática do ensino de Matemática nos anos iniciais do Ensino Fundamental; a interdisciplinaridade e os temas transversais no ensino da Matemática; significação, função e formas de avaliação do processo ensino/aprendizagem da Matemática; abordagens metodológicas adequadas à construção do conhecimento matemático, tomando como referencial a prática social dos alunos, o cotidiano de sala de aula; noções matemáticas com as crianças à luz das pesquisas sobre desenvolvimento e aprendizagem, bem como dos novos conhecimentos a respeito da didática da Matemática: níveis de Van-Hiele e o ensino de Geometria, as operações fundamentais e seus diferentes significados (teoria dos campos conceituais), aspectos didáticos dos principais conteúdos matemáticos a serem ensinados na escola fundamental: números e operações, grandezas e medidas, espaço e forma, tratamento da informação.

Conhecimentos sobre currículos de Matemática: ensino e aprendizagem da Matemática no primeiro e segundo ciclos do Ensino Fundamental: objetivos, conteúdos, tratamento didático e critérios de avaliação; o ensino de Matemática no contexto escolar; a trajetória dos currículos de Matemática e as características da Matemática escolar.

É oportuno destacar que as indicações sobre números e operações são muito mais freqüentes do que as relativas a conteúdos de Geometria, de grandezas e medidas e tratamento da informação, que constituem os outros blocos de conteúdo das séries iniciais. Ainda é importante retomar que as estratégias de ensino mais constantemente apontadas são as aulas expositivas, aulas de discussão de leituras e seminários. Entre os recursos mais citados: quadro-de-giz, lista de exercícios, materiais didáticos, jogos, material dourado e escala Cuisenaire. A referência a estudos de pesquisas da área de Educação Matemática, em particular, sobre o ensino e aprendizagem de Matemática nas séries iniciais, é rara, a não ser as indicadas numa ementa sobre a teoria dos campos conceituais e os níveis de Van Hiele.

Algumas observações gerais sobre a formação de professores polivalentes pesquisada

Como já salientamos no corpo do trabalho, o projeto de formação escolhido para analisar foi particularmente interessante, pela possibilidade que nos ofereceu no sentido de partilharmos idéias e propostas com outros formadores de professores polivalentes, alguns representantes de instituições que se dedicam também às pesquisas na área de Educação Matemática, profissionais com formação em Matemática e em Educação. A concepção do projeto, o desenho, a seleção dos temas, a sua organização, as orientações para os tutores e os videoconferencistas, as propostas para as Vivências Educadoras, a escolha dos temas para as teleconferências, tudo foi decidido de forma coletiva e com muita discussão. Tal fato também nos fez pensar nas condições que um professor, responsável por uma disciplina num curso de formação, tem para propor e debater suas idéias a propósito do curso que vai oferecer, circunstância agravada pela dificuldade de acesso a referências bibliográficas e a resultados de pesquisa.

Embora não seja objeto de nossa investigação, gostaríamos de ressaltar que, durante a análise dos depoimentos das alunas-professoras, a dúvida mais freqüente referia-se ao chamado princípio da 'individualização', nessa formação que envolvia um grande número de professores. Segundo Marcelo (1999), para autores como Hoffman e Edwards, esse princípio está ligado à idéia da formação clínica dos professores, significando que ela deve se basear nas necessidades e nos interesses dos participantes, deve estar adaptada ao contexto em que estes trabalham e fomentar a participação e reflexão. Isso implica que aprender a ensinar não deve ser um processo homogêneo para todos os sujeitos, mas que é essencial conhecer as características pessoais, cognitivas, contextuais, relacionais etc. de cada professor ou grupo de professores, de modo a desenvolver as suas próprias capacidades e potencialidades.

Ainda numa análise mais global dessa formação, consideramos que dois princípios de formação receberam uma atenção especial dos formuladores. Um deles refere-se a uma concepção defendida por diferentes autores e sintetizada por Pérez, citado por Marcelo (1999), quando afirmou que, "em matéria de formação de professores, o principal conteúdo é o método pelo qual o conteúdo é transmitido aos futuros ou atuais professores". Houve grande empenho para que, em todos os momentos, as situações de aprendizagem oferecidas aos alunos-professores fossem problematizadoras, trazendo-lhes desafios, contextualizas e tematizadas a partir de sua prática, de forma análoga e coerente ao que se propõe que eles façam em sua sala de aula. Outro princípio bastante discutido pelos formuladores da proposta referiu-se à formação que possibilitasse aos alunos-professores o estabelecimento de articulações entre o que estavam estudando no curso e os processos de mudança curricular e de transformação das práticas docentes, procurando contemplar o princípio defendido entre outros, por Marcelo (1995), de que a formação de professores deve sinalizar para as mudanças, reativando as aprendizagens dos professores e sua reflexão sobre sua prática docente, sempre buscando o aprimoramento do processo de ensinar e de aprender.

Na seqüência, expomos nossas considerações sobre a formação para ensinar Matemática, segundo nossa análise.

Enfoque referente aos conhecimentos para
ensinar Matemática na formação analisada

Uma primeira observação refere-se ao significado da expressão 'conhecimento sobre conteúdos matemáticos', que pode dar margem a interpretações diversas. Em primeiro lugar, entendemos que, ao separar os conhe-

---

31 E também para outras áreas de conhecimento com as quais o professor vai trabalhar; refiro-nos aos conhecimentos matemáticos por ser nosso tema de investigação.

cimentos dos conteúdos matemáticos dos conhecimentos didáticos (ou pedagógicos) dos conteúdos, que são indissociáveis na prática do professor, Shulman pode ter pretendido dar destaque ao fato que ele mesmo apresentou (paradigma perdido), no sentido de que os procedimentos de ensino estavam sendo mais enfatizados do que o estudo dos objetos de ensino. Desse modo, consideramos importante o destaque apresentado por ele, embora na formulação de uma proposta de formação eles devam estar articulados.

Uma segunda observação é que sejam incluídos conteúdos que podem ser identificados como procedimentais e atitudinais. Não basta 'conceituar' operações, conhecer suas propriedades, resolver a técnica operatória, utilizá-las em problemas. É necessário também que em sua formação o professor polivalente desenvolva ou aprimore capacidades como resolver problemas, argumentar, estimar, raciocinar matematicamente, comunicar-se matematicamente. Desenvolver atitudes positivas é essencial em relação à Matemática e seu ensino, ter predisposição para usar conhecimentos matemáticos como recursos para interpretar, analisar e resolver problemas, ter perseverança na busca de resultados, interesse em utilizar diversas representações matemáticas e confiança em si mesmo para aprender e ensinar Matemática.

Na formação do PEC – Universitário, o desenho das unidades que a sustentaram mostra uma articulação entre as três vertentes apresentadas por Shulman. Assim, por exemplo, numa das unidades, os conteúdos relativos a número natural e sistema de numeração decimal, além do aspecto matemático, são tratadas as idéias sobre conhecimentos prévios, hipóteses e erros das crianças, com base em investigações recentes e suas implicações práticas. O mesmo pode ser observado na unidade que enfoca as operações com números naturais, em que são discutidos também seus significados, a idéia de contextualização, o ensino das operações a partir de situações-problema e o papel do cálculo na escola hoje. Destacamos, ainda, a inclusão de temáticas do âmbito curricular como a discussão a respeito da Matemática que precisa ser ensinada nas escolas, as diferenças entre currículos propostos e currículos praticados, a análise de resultados de desempenho de alunos no Saresp e a organização de conteúdos de modo a favorecer conexões entre Matemática e cotidiano e entre diferentes temas matemáticos.

De nossa parte, reafirmamos que o tempo destinado ao tema Matemática[31], na formação de professores polivalentes, precisa ser mais extenso se considerarmos importante que esse professor amplie seus conhecimentos sobre a Matemática como área de conhecimento, e não a 'veja' apenas como uma disciplina escolar, que discuta sobre a natureza dos conhecimentos matemáticos, sobre sua construção histórica, sobre o uso da Matemática na sociedade contemporânea, entre tantos outros temas. Para isso, é fundamental a incorporação dos conhecimentos produzidos na área de Educação Matemática no processo de formação desses professores.

As alunas-professoras revelando em seus textos e em seus depoimentos orais os impactos da formação

As alunas-professoras, sujeitos de nossa pesquisa, são bastante representativas do universo de professores polivalentes: um universo peculiarmente feminino, em que a profissão disputa cotidianamente espaço com a atividade de 'dona de casa', em que os papéis de professora e de mãe se misturam, em que o investimento no desenvolvimento profissional fica condicionado a fatores familiares, limitações financeiras, entre outros. Todas tinham realizado o curso de Habilitação para o Magistério, em nível médio, mas possuíam aspirações de fazer um curso em nível superior.

Em nossas conversas informais e durante as entrevistas, a todo instante falavam que seu grande sonho estava se realizando ao fazer o curso de formação de professores, em nível superior, oferecido pela Secretaria de Educação de São Paulo. Entreviram o curso superior como uma possibilidade de crescimento pessoal e intelectual, de melhorar a auto-estima e de adquirir melhor embasamento teórico para sua prática.

Na leitura das memórias, as crenças que os professores têm com relação à Matemática e seu ensino – e que influenciam na tomada de decisões quando estão em atuação profissional – foram sendo reveladas:

Crenças sobre a Matemática: a Matemática é difícil; a Matemática é para poucos; Matemática é fazer contas; a Matemática não tem aplicações práticas. Gostar de Matemática é genético/hereditário (passa de pais para filhos). Só aprende Matemática quem é muito inteligente, quem tem o dom.

Crenças (e sentimentos) sobre a própria capacidade em relação à Matemática: a Matemática não era para mim; sempre fui ruim em Matemática; tinha medo e vergonha; pânico das aulas de Matemática; tive traumas para aprender; pode ser aprendida quando se tem sorte de encontrar um bom professor.

Em seus depoimentos, algumas ressaltaram que a opção pelo curso de magistério foi uma forma de fuga da Matemática.

Um aspecto realçado pelas alunas-professoras em suas entrevistas referia-se ao que identificaram como 'mudar de concepção em relação à

Matemática', evidenciando relações entre Matemática e criatividade, Matemática e ética. Relacionaram também essa mudança de concepção à necessidade de repensar a prática.

No que concerne aos conteúdos matemáticos mais difíceis para esse grupo, sem dúvida a Geometria foi o mais citada. As constatações foram as seguintes: a Geometria não foi trabalhada em seu tempo de estudantes do Ensino Fundamental, nem na formação do Curso de Magistério; por isso não gostam de Geometria e/ou se sentem inseguras para ensiná-la; precisam estudá-la primeiro para depois ensinar.

Observamos também que algumas alunas-professoras, ao mesmo tempo que participavam da formação, procuravam colocar suas aprendizagens em prática, junto a seus alunos. E, ao relatarem essas experiências, percebíamos que estavam construindo "pontes entre o significado do conteúdo curricular e a construção desses significados por parte dos alunos", conforme as reflexões apresentadas por Shulman (1992).

Outro aspecto interessante nesses relatos de experiência foi a atenção dada à produção dos alunos, às suas falas, às suas necessidades, evidenciando que essas alunas-professoras estavam mobilizando não apenas o conhecimento do conteúdo, nem tão-só o domínio genérico de métodos de ensino, mas uma mescla de tudo.

Os conteúdos abordados numa das unidades sobre o tratamento da informação, envolvendo aspectos da contagem, da probabilidade e da estatística, apareceram em segundo lugar nos depoimentos das alunas-professoras, no que se refere às dificuldades encontradas. No entanto, percebemos uma diferença quanto aos comentários feitos sobre Geometria, pois entendiam que essas idéias eram novas e que teriam que aprendê-las.

Um tema que também mostrou ser de grande interesse para as alunas-professoras, em seus relatos, concerne ao uso de jogos, ao uso da calculadora, ao uso de livros didáticos, notando-se uma grande ansiedade em conhecer diferentes possibilidades de trabalho, especialmente os jogos, que são identificados pelas alunas-professoras como um valioso instrumento para tornar a aprendizagem da Matemática "lúdica, prazerosa, não traumática".

Consideramos que a formação analisada contribuiu para que a maior parte das alunas-professoras pesquisadas fosse transformando suas crenças a respeito da Matemática e seu ensino e, ao mesmo tempo, adotando atitudes mais positivas com relação à possibilidade de ensiná-la a seus alunos. No entanto, há que registrar que, nos depoimentos, o impacto da formação nem sempre foi positivo. Uma das alunas-professoras do grupo

(Neli), apesar de estar bastante integrada ao grupo, mostrava-se muito segura de seus conhecimentos matemáticos e didáticos e procurou marcar sua posição de não-aceitação de 'novas idéias'. Em diferentes momentos, ela afirmou que preferia continuar trabalhando com os alunos da maneira que sempre fez, lendo os problemas para as crianças resolverem, solucionando um problema como modelo. Esse posicionamento foi apresentado com muita naturalidade pela aluna-professora e muitas vezes questionado pelas colegas, provocando debates interessantes.

Quanto ao impacto sobre seus conhecimentos matemáticos, embora tenham sido bastante significativos, pôde ser observada, nos próprios depoimentos das alunas-professoras, a percepção de que precisavam 'aprender muitas coisas', até mesmo porque consideravam que o que deveriam ensinar às crianças eram os números e as operações.

Algumas recomendações para os cursos de formação de professores polivalentes

Uma das críticas mais freqüentes aos cursos de formação de professores especialistas é a desarticulação quase total entre conhecimentos específicos e conhecimentos pedagógicos. Nos cursos de formação de professores polivalentes, a crítica que pode ser feita é a da ausência de conhecimentos específicos relativos às diferentes áreas de conhecimento com as quais o futuro professor irá trabalhar.

Com as novas orientações legais, vislumbra-se a incorporação do tratamento desses conhecimentos específicos. No entanto, a depender do projeto pedagógico do curso, pode-se repetir, na formação do professor polivalentes, a mesma desarticulação identificada nos cursos que formam especialistas entre conhecimentos específicos (como os matemáticos) e os referentes aos fundamentos da educação.

Nesse sentido, consideramos que nossa pesquisa oferece elementos para desenhar e desenvolver projetos pedagógicos que articulem esses conhecimentos, na medida em que as análises dos depoimentos das alunas-professoras corroboram propostas apresentadas por Shulman (1992), indicando que há um conhecimento a ser construído pelo professor, que é mais do que uma mera justaposição entre princípios gerais de ensino e compreensão da matéria disciplinar. Ou, de outro modo como descreve esse autor: uma forma de compreensão que emerge das especificidades dos vários domínios disciplinares e dos desafios colocados pela ação de ensinar grupos específicos de alunos em contextos particulares.

A outra contribuição da pesquisa para os cursos de formação decorre da síntese que organizamos a partir de nosso estudo sobre ementas de cursos de Pedagogia e Curso Normal superior e, em especial, da análise detalhada da proposta do Curso do PEC – Universitário, relativamente ao tema 'Matemática', usando as três vertentes no conhecimento do professor, quando se refere ao conhecimento da disciplina para ensiná-la, também de acordo com Shulman. Essas categorias de análise – o conhecimento do conteúdo da disciplina, o conhecimento didático do conteúdo da disciplina e o conhecimento do currículo –, embora apareçam imbricadas na ação do professor, desmembradas são uma ferramenta muito útil no processo de seleção e organização de conteúdos a ensinar, tanto os conceituais como os procedimentais e atitudinais. Consideramos que essa discussão precisa ser aprofundada nos cursos, em vista do que mostram as ementas propostas que, de forma genérica, focalizam apenas uma dessas vertentes, trazendo prejuízos à formação mais global dos alunos, futuros professores.

De modo geral, ao longo de nossas análises uma questão nos acompanhou: em que medida a mesma proposta de formação teria elementos tão ricos para discussão, se fosse oferecida a alunos em formação inicial, sem experiência em sala de aula? Como pudemos verificar, os saberes experienciais construídos por esse grupo de professores no decorrer de sua atuação profissional, de dezoito a vinte anos, serviram sempre de referência para refletirem sobre, concordarem com ou contraporem-se a todas as temáticas abordadas na formação, provocando um efeito de retomada crítica dos saberes adquiridos anteriormente, dentro ou fora da prática profissional. A experiência profissional enriqueceu sobremaneira as atividades de formação propostas no material de Matemática e os alunos-professores passaram a analisar seus próprios saberes experienciais, com base na teoria estudada e, dessa forma, a construir novos saberes para ensinar Matemática. Concordamos com Fiorentini (1999), que afirma que os saberes práticos são ligados à ação e mesclam aspectos cognitivos, éticos e emocionais ou afetivos. Ele entende que o saber experiencial, quando mediado por leituras teóricas e por reflexões coletivas de professores, é ressignificado ou mesmo validado e conclui que nesse contexto pode ocorrer produção de novos saberes docentes ou mesmo de novos sentidos para a prática pedagógica dos professores. Como mostraram os depoimentos, as dúvidas e os sucessos relativos à atuação em sala de aula também foram compartilhados com o pesquisador, num processo contínuo de construção de novos saberes.

Essas considerações, a nosso ver, remetem a um dos maiores desafios para a formação inicial de professores que ainda não estão em atuação (caso de alunos que iniciam os cursos com 17/18 anos), que é inseri-los no contexto escolar, na realização de tarefas profissionais (e experienciais), o que implica, entre outras, especial atenção à organização da Prática de Ensino e do Estágio Supervisionado, que ainda vêm sendo realizados mediante práticas burocratizadas, pouco reflexivas, que dissociam teoria e prática, trazendo pouca eficácia para a formação profissional dos alunos. Retomamos as reflexões de Azcárate (1999), que considera como um dos princípios didáticos que deve sustentar as ações de formação o reconhecimento do papel do aluno, futuro professor, no seu processo de aprendizagem; suas idéias, seu nível de implicação e sua participação ativa nas ações de formação são fatores importantes para seu desenvolvimento profissional. Ela sustenta que os futuros professores devem perceber a realidade escolar e sua atividade profissional como fontes de situações-problema que são passíveis de serem resolvidas por meio de investigação.

Como não era propósito desta pesquisa analisar a atuação dos formadores de professores, não coletamos dados sobre a atuação dos tutores e dos videoconferencistas responsáveis pelas atividades de formação junto aos professores. No entanto, participando do projeto, vivenciamos as dificuldades das equipes de organização para constituir grupos de profissionais especializados (com formação matemática e pedagógica e conhecimentos sobre o ensino de Matemática nas séries iniciais). Fazemos este comentário no sentido de chamar a atenção para mais esse desafio das instituições formadoras e também um alerta aos cursos de pós-graduação, em particular os da área de Educação Matemática. Lembramos as afirmações de Tardif (2002), para quem o formador é também um professor: quando está em atuação profissional, baseia-se em juízos provenientes de tradições escolares que interiorizou, em sua experiência vivida, enquanto fonte viva de sentidos a partir da qual o passado lhe possibilita esclarecer o presente e antecipar o futuro.

Tardif (2002) ensina que as crenças e representações que os alunos em formação possuem a respeito do ensino têm um estatuto epistemológico. Para ele, crenças e representações agem como conhecimentos prévios que calibram as experiências de formação e orientam seus resultados. Assim, é provável que tenham acontecido vários embates e divergências entre formadores e alunos em formação, que às vezes preferem aulas expositivas, tarefas rotineiras, poucas leituras. Daí a importância da existência de um coletivo composto de coordenadores e professores, que possam identificar os inevitáveis problemas de percurso e buscar solução para eles.

Finalmente, ressaltamos a pouca (ou nenhuma) incorporação nos cursos de discussões sobre resultados de pesquisas tanto da área da Educação como da área de Educação Matemática, o que reforça a existência do distanciamento das atividades de docência e pesquisa nas instituições de ensino superior. À comunidade de pesquisadores de Educação Matemática, parecer-nos, esse é um importante alerta. Essa consideração remete ao próximo item desta conclusão.

Algumas recomendações aos pesquisadores em Educação e em Educação Matemática

No primeiro capítulo, mencionamos e analisamos algumas pesquisas existentes sobre a formação de professores, em nosso país e no mundo, constatando grande diversidade de produções. No entanto, elas ainda são pouco divulgadas e conhecidas por formadores de professores e, em especial, pelos professores sujeitos dessas pesquisas. Por outro lado, em relação às pesquisas sobre a formação de professores polivalentes para ensinar Matemática, na Educação Infantil e nos anos iniciais do Ensino Fundamental, os estudos de Fiorentini et al. (2003) mostram que ainda são muito poucos os trabalhos existentes sobre formação inicial de professores polivalentes. As pesquisas já realizadas focalizaram os cursos oferecidos, ou seja, Habilitação para o Magistério, Cefam e o curso de Pedagogia, os conhecimentos matemáticos de alunos de cursos de Habilitação para o Magistério e algumas questões mais específicas. É caso das que tratam do estudo histórico-cultural do conceito de 'número' para os conhecimentos do futuro professor, das que versam sobre representações mentais e conceituais de alunos e professores do curso de Habilitação para o Magistério sobre o Sistema de Numeração Decimal.

Está aberto, portanto, um leque de possibilidades de investigações na área de Educação Matemática sobre formação de professores polivalentes, que contribuam para que essa formação possa vir a contemplar as dimensões históricas e sociais da Matemática e da Educação Matemática, numa perspectiva problematizadora das idéias matemáticas e educacionais, promovendo mudanças de crenças, valores e atitudes prévios, visando a uma Educação Matemática crítica, e que possa propiciar a experimentação e a modelagem de situações semelhantes àquelas que os futuros professores terão que gerir.

Certamente, no que diz respeito a crenças, valores e atitude, será particularmente importante o desenvolvimento de investigações sobre as concepções de aprendizagem subjacentes à formação para ensinar Matemática, em função das idéias, ainda muito presentes, de que essa aprendizagem envolve, essencialmente, a atenção, a memorização, a fixação de conteúdos e o treino procedimental, por meio de atividades mecânicas e repetitivas, num processo acumulativo de apropriação de informações previamente selecionadas e hierarquizadas.

Considerações finais

Para finalizar, gostaríamos de fazer algumas considerações sobre nossas aprendizagens e inquietações que se manifestaram ao longo desta investigação. De certo modo, as epígrafes que selecionamos para os capítulos de nosso trabalho revelam algumas delas.

Referimo-nos a uma espécie de compreensão mais profunda que construímos no decorrer da pesquisa a respeito da complexidade dos conhecimentos docentes, apontada pelos autores que os investigam e sintetizada por Fiorentini (1999):

> O saber docente: um saber reflexivo, plural e complexo, porque histórico, provisório, contextual, afetivo e cultural que forma uma teia, mais ou menos coerente e imbricada, de saberes científicos – oriundos das ciências da educação, dos saberes das disciplinas, dos currículos – e de saberes da experiência e da tradição pedagógica.

Também tivemos maior clareza quanto à importância da contextualização histórica, em qualquer campo de investigação da Educação Matemática, como bem sinaliza a citação de Fusari (1992) que, além de pontuar que a competência docente não é nata ('dom'), nem neutra, destaca que é construída e inserida no tempo e no espaço, o que significa afirmar que varia nos diferentes momentos históricos, bastante provocativa no sentido de discutirmos e investigarmos sobre competências para ensinar Matemática às crianças brasileiras hoje.

A escolha dos procedimentos metodológicos, com a utilização de entrevistas e análise de memórias e de *portfolio*, nos fez também compreender mais nitidamente as proposições de autores como Connely e Clandinin (1995), que colocam em evidência a importância da construção e a reconstrução de histórias pessoais e sociais, em que os professores e alunos são narradores e personagens das suas próprias histórias e das de outros, e de autores como Elbaz (1991), que defende a idéia de que o conhecimento do professor se ordena em histórias, e são estas a melhor forma de o compreendê-lo.

Relendo os depoimentos e os extratos das produções escritas das alunas-professoras identificamos a relevância desses procedimentos não somente para a pesquisa, mas também para a própria formação de professores. Os depoimentos das alunas-professoras nos oportunizaram discutir a influência de crenças e atitudes, consideradas por Gómez-Chacón (2002) parte do conhecimento pertencente ao domínio cognitivo e compostas por elementos afetivos, avaliativos e sociais.

Finalmente, o conteúdo da epígrafe de Paulo Abrantes (2003) – "haverá uma parte da formação inicial em Matemática que é sobre Matemática e não apenas sobre como ensiná-la e que – para um futuro professor – poderá ser muito importante na relação que ele estabelece enquanto aluno" –, aparentemente bastante singelo, retrata muito bem uma das questões, relativa à formação de professores polivalentes, que, a nosso ver, precisamos aprofundar, especialmente no âmbito da comunidade de pesquisadores em Educação Matemática. O fenômeno descrito por Shulman (1992) como 'paradigma perdido' e suas contribuições sobre as vertentes no conhecimento do professor, quando se refere ao conhecimento da disciplina para ensiná-la, devem merecer investigações específicas que subsidiem os cursos de formação de professores.

REFERÊNCIAS BIBLIOGRÁFICAS

ALARCÃO, Isabel; INFANTE, Maria José; SILVA, Maria Susana. Descrição e análise interpretativa de episódios de ensino: os casos como estratégia de supervisão reflexiva. In: _____. *Formação reflexiva de professores:* estratégias de supervisão. Porto: Porto, 1996. p. 151-70.

ALMEIDA, Laurinda Ramalho de. Diretrizes para formação de professores: uma releitura. In: ALMEIDA, Laurinda Ramalho; PLACCO, Vera Maria Nigro de Souza (org). *As relações interpessoais na formação de professores.* São Paulo: Loyola, 2002. p. 21-33.

AZCÁRATE, Maira Pilar. Estrategias metodológicas para la formación de maestros. In: CARRILLO, José; CLIMENT, Nuria. *Modelos de formación de maestros en matemáticas.* Huelva: Universidad de Huelva, 1999. p. 17-40.

BALL, Deborah. *Knowledge and reasoning in mathematical pedagogy:* examining what prospective teachers bring to teacher education. Tese (Doutoramento), 1991. Disponível – bem como outros artigos e textos – em: <http://wwwpersonal.umich.edu/~dball/>. Ac em 25 set. 2003.

BARBOSA, Ruy Madsen. *Matemática magistério.* São Paulo: Atual, 1985.

BLANCO, Lorenzo; CONTRERAS, Luis. Un modelo formativo de maestros de primaria, en el área de matemáticas, en el ámbito de la geometría. In: _____. (org.). *Aportaciones a la formación inicial de maestros en el área de matemáticas:* una mirada a la práctica docente. Cáceres: Universidad de Extremadura, 2002. p. 92-124.

BOAVIDA, Ana Maria; PONTE, João Pedro. Investigação colaborativa: potencialidades e problemas. *Refletir e investigar sobre a prática profissional.* Organização do GTI da APM. Lisboa: APM, 2002. p. 43-56.

BORGES, Cecília. Saberes docentes: diferentes tipologias e classificações de um campo de pesquisa. *Educação & Sociedade*, a. 22, n. 74, abr. 2001. Disponível em: <www.cedes.unicamp.br/revista/rev/sumarios/sum74.html>. Acesso em 20 mar. 2004.

BRASIL. Conselho Estadual de Educação, relator conselheiro Valnir Chagas. Parecer n. 259/69. Brasília: Mec, 1969.

_____. Lei de Diretrizes e Bases da Educação Nacional – LDBEN n. 5.692. Brasília, 1971.

_____. Conselho Nacional de Educação. Parecer CFE n. 349. Brasília, 1972.

_____. Conselho Nacional de Educação. Parecer CEB n. 4. Diretrizes Curriculares Nacionais para o Ensino Fundamental. Brasília, 29 jan. 1998.

_____. Lei de Diretrizes e Bases da Educação Nacional n. 9.394. Brasília, 1996.

_____. Ministério da Educação – Secretaria de Ensino Fundamental. Referenciais para a Formação de Professores. Brasília, 1999.

_____. Conselho Nacional de Educação. Parecer CNE/CP n. 9. Institui Diretrizes Curriculares Nacionais para a Formação de Professores da Educação Básica, em nível superior, curso de licenciatura, de graduação plena. Brasília, 8 maio 2001.

_____. Conselho Nacional de Educação. Resolução CNE/CP n. 1. Institui Diretrizes Curriculares Nacionais para a Formação de Professores da Educação Básica, em nível superior, curso de licenciatura, de graduação plena – DCNFP. Brasília, 18 fev. 2002.

_____. Conselho Nacional de Educação. Resolução CNE/CP n. 2. Institui a duração e a carga horária dos cursos de licenciatura, de graduação plena, de formação de professores da Educação Básica em nível superior. Brasília, 2002.

_____. Conselho Nacional de Educação. Resolução n. 1. Brasília, 20 ago. 2003.

BROUSSEAU, Guy. Le contrat didactique: le milieu. *Recherches en Didactique des Mathématiques*, Grenoble, v. 9, n. 3, p. 309-36, 1988.

CARDEÑOSO, José Maria; AZCÁRATE, Maria Pilar. Una estrategia de formación de maestros de matemáticas, basada en los ámbitos de investigación profesional. In: CONTRERAS, Luis; BLANCO, Lorenzo (org.). *Aportaciones a la formación inicial de maestros en el área de matemáticas*: una mirada a la práctica docente. Cáceres: Universidad de Extremadura, 2002. p. 181-226.

CARRILLO, José; CLIMENT, Nuria. Ejemplificación de una propuesta formativa: el uso de situaciones de primaria en la formación inicial. In: CONTRERAS, Luis; BLANCO, Lorenzo (org.). *Aportaciones a la formación inicial de maestros en el área de matemáticas*: una mirada a la práctica docente. Cáceres: Universidad de Extremadura, 2002. p. 119-81.

CARVALHO, Dione Luchesi de. *A concepção de matemática dos professores também se transforma*. 1989. Dissertação (Mestrado). Unicamp, Campinas.

CAVALCANTI, Margarida. *Cefam*: uma alternativa pedagógica para a formação do professor. São Paulo: Cortez,1994. 124p.

CHIZZOTTI, Antonio. *Pesquisas em ciências humanas e sociais*. 5. ed. São Paulo: Cortez, 2001. (Biblioteca da Educação, 1. Escola; v. 16.)

CONNELLY, Michael; CLANDININ, Jean. Relatos de experiencia e investigación narrativa. In: LARROSA, J. et al. *Déjame que te cuente*: ensayos sobre narrativa y educación. Barcelona: Laertes, 1995.

_____. *Narrative inquiry*: experience and story in qualitative research. San Francisco: Jossey-Bass Publishers, 2000.

CURI, Edda. Formação de professores de Matemática: realidade presente e perspectivas futuras. Lisboa: APM, 2002.

_____. *Formação de professores para ensinar Matemática nas séries iniciais do ensino fundamental*: o impacto da formação matemática. In: XI CONFERÊNCIA INTERAMERICANA DE EDUCAÇÃO MATEMÁTICA – CIAEM. *Anais...* Blumenau: FURB, 2003a. 1CD, ISBN 857114141-X.

_____. Formación de profesores que enseñan matemáticas: investigación colaborativa, producción y socialización de saberes. In: ACTA LATINOAMERICANA DE MATEMÁTICA EDUCATIVA. Anais... 17º Relme, 2003b.

_____. PIRES, Célia Maria Carolino. *Articulando ações de formação continuada com trajetória escolar de professores*. São Paulo: SBEM, 2003. 1 CD, ISBN 85-98092-01-0. Comunicação apresentada no GT 7 do II Sipem. Santos, 2003c.

CURY, Helena Noronha. Concepções e crenças dos professores de Matemática: pesquisas realizadas e significados dos termos utilizados. *Bolema*, São Paulo: Unesp, a. 12, n. 13, p. 29-44, 1999.

CYRINO, Márcia C. C. T. *Levantamento e análise de material bibliográfico de referência na formação do professor de Matemática de 1ª a 4ª série do Ensino Fundamental*. 1997. 177p. Dissertação (Mestrado em Educação Matemática). Instituto de Geociências e Ciências Exatas – Unesp, Rio Claro.

ELBAZ, Freema. *Teacher thinking*: a study of practical *knowledge*. Londres: Croom Helm, 1983.

_____. Research on teacher's knowledge. The evolution of a discourse. *Jounal of Curriculum Studies*, v. 23, nº 1, p. 1-19, 1991.

ERMEL. *Apprentissages numériques*: Institut National de Recherche Pedagogique. Paris: Hatier, 1991.

FAYOL, Michael. *A criança e o número*: da contagem à resolução de problemas. Porto Alegre: Artmed, 1996.

FIORENTINI, Dario. Alguns modos de ver e conceber o ensino de Matemática no Brasil. *Revista Zetetiké*, Campinas: Unicamp, a. 3, n. 4, p. 1-37, 1995.

_____. NACARATO, Adair; PINTO, Renata Anastácio. Saberes da experiência docente em Matemática e educação continuada. *Quadrante*, Lisboa: APM, n. 8, 1999.

_____. MIORIM, Maria Ângela (org.). *Por trás da porta, que matemática acontece?* Campinas: Cempem, 2001. p. 18-44.

_____ et al. Formação de professores que ensinam Matemática: um balanço de 25 anos de pesquisa brasileira. *Revista Educação em Revista – Dossiê Educação Matemática*, Belo Horizonte: UFMG, 2003.

FUNDAÇÃO CARLOS CHAGAS. Relatório final da avaliação de alunos de 4ª série em Matemática. Programa de Gestão Escolar, Escola Campeã, jun. 2002.

_____. Análise do desempenho dos alunos em Matemática , 4ª série. Programa de Gestão Escolar, Escola Campeã, jun. 2002.

FUSARI, José Carlos. *O professor do primeiro grau*: trabalho e formação. São Paulo: Loyola, 1990.

_____. *A formação continuada de professores no cotidiano da escola fundamental*. São Paulo: FDE/SEE, 1992a. p. 24-34. (Série Idéias, 12.)

_____. *Tendências históricas do treinamento em educação*. São Paulo: FDE/SEE, 1992b. p. 13-27. (Série Idéias, 3.).

GARCÍA, Maria Mercedes. A formação inicial de professores de Matemática: fundamentos para a definição de um currículo. Tradução de D. Jaramillo. In: FIORENTINI, D. (org.). *Formação de professores de matemática*. Campinas: Mercado das Letras, 2003. p. 51-86.

_____. SÁNCHEZ, Victoria. Una propuesta de formación de maestros desde la educación matemática: adoptando una perspectiva situada. In: CONTRERAS, Luis; BLANCO, Lorenzo (org.). *Aportaciones a la formación inicial de maestros en el área de matemáticas*: una mirada a la práctica docente. Cáceres: Universidad de Extremadura, 2002. p. 59-88.

GÓMEZ-CHACÓN, Inês Maria. Cuestiones afectivas en la enseñanza de las Matemáticas: una perspectiva para el profesor. In: CONTRERAS, Luis; BLANCO, Lorenzo (Org.). *Aportaciones a la formación inicial de maestros en el área de matemáticas*: una mirada a la práctica docente. Cáceres: Universidad de Extremadura, 2002. p. 23-58.

KILPATRICK, Jeremy; STANIC, George. Perspectivas históricas da resolução de problemas no currículo de matemática. In: CHARLES, R. I.; SILVER, E. A. (ed.). *The teaching and assessment of mathematical problem solving*. Reston: NCTM; Lawrence Erlbaum, 1989. Disponível em: <http://www.educ.fc.ul.pt/docentes/jponte/sd/textos/stanic-kilpatrick.pdf>. Acesso em 20 mar. 2004.

LERNER, Delia; SSADOVSKY, Patrícia. O sistema de numeração: um problema didático. In: PARRA, Cecília; SAIZ, Irma (org). *Didática da matemática*. Porto Alegre: Artmed, 1996.

LIBÂNEO, José Carlos; PIMENTA, Selma Garrido. Formação de profissionais da educação: visão crítica e perspectivas de mudança. In: PIMENTA, Selma Garrido (org.). *Pedagogia e pedagogos: caminhos e perspectivas*. São Paulo: Cortez, 2002. 198p.

LLINARES, Salvador. El profesor de matemáticas. Conocimiento base para la enseñanza y desarrollo profesional. In: SANTALÓ, Luis et al. (org.). *La enseñanza de las matemáticas en la educación intermedia*. Madrid: Rialp, 1994.

_____. Conocimiento profesional del profesor de matemáticas. In: PONTE, João Pedro et al. (org.). *Desenvolvimento profissional de professores de matemática: que formação?* Lisboa: Sociedade Portuguesa de Ciências de Educação, 1996.

MARCELO, Carlos. *Formação de professores para uma mudança educativa*. Porto: Porto Editora, 1999. p. 272.

_____. Pesquisa sobre a formação de professores: o conhecimento sobre aprender a ensinar. *Revista Brasileira de Educação*, n. 9, p. 51-75, 1998.

MONARCHA, Carlos. *Escola Normal da Praça*: o lado noturno das luzes. São Paulo: Editora da Unicamp, 1999. 387p.

MONTEIRO, Cecília. A formação para o ensino da Matemática na perspectiva da ESE de Lisboa. In: SERRAZINA, L. (org.). *A formação para o ensino da matemática na Educação Pré-escolar e no 1º ciclo do Ensino Básico*. Lisboa: Porto; Inafop, 2001. p. 21-8.

NUNES, Terezinha et al. *Introdução à Educação Matemática*: os números e as operações numéricas. São Paulo: Proem, 2001.

OLIVEIRA, Hélia Margarida; PONTE, João Pedro. Investigação sobre concepções, saberes e desenvolvimento profissional de professores de Matemática. In: VII SEMINÁRIO DE INVESTIGAÇÃO EM EDUCAÇÃO MATEMÁTICA. *Actas...* Lisboa: APM, 1996.

PÁDUA, Elizabeth Maria. *Metodologia da pesquisa*: abordagem teórico-prática. 7. ed. São Paulo: Papirus, 2002. 120p.

PAJARES, M. Teachers beliefs and educational research: cleaning up meassy construct. *Review of Educational Research*, n. 69, p. 307-32, 1992.

PERRENOUD, Philippe. *Construir as competências desde a escola*. Porto Alegre: Artmed, 1999. 90p.

_____. *Dez novas competências para ensinar*. Porto Alegre: Artmed, 2000. 176p.

_____. *A prática reflexiva no ofício de professor*: profissionalização e razão pedagógica. Porto Alegre: Artmed, 2002. 239p.

_____ et al. *A profissionalização dos formadores de professores*. Porto Alegre: Artmed, 2003. 272p.

PIRES, Célia Maria Carolino. Matemática. In: PILETTI, C. (org.). Didática especial. São Paulo. Ática,1988. p. 101-94.

_____. *Currículos de Matemática*: da organização linear à idéia de rede. São Paulo: FTD, 2000.

_____. Reflexões sobre cursos de Licenciatura em Matemática, tomando como referência as orientações propostas nas Diretrizes Curriculares Nacionais para a formação de professores da Educação Básica. *Educação Matemática em Revista*, São Paulo: SBEM, a. 9, n. 11-A, edição especial, p. 44-56, abr. 2002.

_____. Formação inicial e continuada de professores de Matemática: possibilidades de mudança. In: ANAIS DO XV ENCONTRO REGIONAL DE EDUCAÇÃO MATEMÁTICA – UNISINOS. Porto Alegre, 2003.

_____. CURI, Edda; CAMPOS, Tânia Maria Mendonça. *Espaço & forma*: a construção de noções geométricas pelas crianças. São Paulo: Proem, 2001.

PONTE, João Pedro. Concepções dos professores de Matemática e processos de formação. *Educação Matemática*: temas de investigação. Lisboa: IIE, 1992. p. 185-239. Disponível em: <http://www.educ.fc.ul.pt/docentes/jponte/>. Acesso em 5 jun. 2003.

_____. O desenvolvimento profissional do professor de Matemática. *Educação e Matemática*, Lisboa: APM, n. 31, p. 9-12, 1994. Disponível em: <http:// www.educ.fc.ul.pt/docentes/jponte/>. Acesso em 15 jun. 2003.

_____. Da formação ao desenvolvimento profissional. In: CONFERÊNCIA PLENÁRIA APRESENTADA NO ENCONTRO NACIONAL DE PROFESSORES DE MATEMÁTICA PROFMAT, 1998. Guimarães, *Actas...* Lisboa: APM, 1998. p. 27-44. Disponível em: <http://www.educ.fc.ul.pt/docentesjponte>. Acesso em 1º jul. 2003.

_____. *Por uma formação inicial de professores de qualidade*. 2000. Disponível em: <http://www.educ.fc.ul.pt/docentesjponte>. Acesso em 3 jul. 2003.

_____. A investigação sobre o professor de Matemática: problemas e perspectivas. In: I SEMINÁRIO INTERNACIONAL DE PESQUISA EM EDUCAÇÃO MATEMÁTICA – SIPEM. Promovido pela SBEM – Sociedade Brasileira de Educação Matemática. Serra Negra, 2000.

Disponível em: <http://www.educ.fc.ul.pt/docentes/jponte/>. Acesso em 1º set. 2003.

_____. Investigar a nossa própria prática. *Refletir e investigar sobre a prática profissional.* Organizado por GTI da APM. Lisboa: APM, 2002. p. 5-28.

RICO, Luis et al. Concepciones y creencias del profesorado de secundaria andaluz sobre enseñanza-aprendizaje y evaluación en matemáticas. *Cuadrante*, Lisboa: APM, 2002.

ROMANELLI, Otaíza de Oliveira. *História da educação no Brasil.* 10. ed. Rio de Janeiro: Vozes, 1978.

SANTOS, Theobaldo de Miranda. *Noções da didática especial.* São Paulo: Nacional, 1960.

SANTOS, Vânia dos. The impact of on innovative mathematics course on the beliefs of prospective elementary teachers. In: ANNUAL MEETING OF THE AMERICAN EDUCATIONAL RESEARCH ASSOCIATION. Atlanta, 1993. 38p.

SÃO PAULO. Guia curricular para o ensino de Matemática. São Paulo: CENP/SEE/S, 1971.

_____. Documentos básicos para a implantação das reformas do primeiro e segundo graus. São Paulo: CENP/SEE/SP, 1974.

_____. Habilitação específica de 2º grau para o magistério. Guias curriculares mínimos profissionalizantes. São Paulo: CENP/SEE/SP, 1979.

_____. Proposta curricular de Matemática para o ensino fundamental. São Paulo: CENP/SEE/SP, 1985.

_____. Atividades matemáticas, v. 1, 2, 3 e 4. São Paulo: CENP/SEE/ SP, 1988.

_____. Proposta curricular para o curso de habilitação no magistério. São Paulo: CENP/SEE/SP, 1989.

_____. PEC – Formação Universitária: projeto básico do programa. SEE/SP, 2001. 46p.

_____. PEC – Formação Universitária: Material de Matemática SEE/SP, 2001. 227p.

SAVIANI, Dermeval. *Escola e democracia.* 32. ed. Campinas: Autores Associados, 2000. 120p.

SCHÖN, Donald. *The reflective practioner*: how professionals think in action. Aldershot Hants: Avebury,1983.

_____. Formar professores como profissionais reflexivos. In: NÓVOA, A. (coord.). *Os professores e sua formação.* Lisboa: Dom Quixote,1992.

_____. *Educando o profissional reflexivo*: um novo design para o ensino e a aprendizagem. Porto Alegre: Artmed, 2000.

SERRAZINA, Lurdes. Reflexão, conhecimento e práticas letivas em Matemática num contexto de reforma curricular no 1º ciclo. *Quadrante*, Lisboa: APM, n. 8, p. 139-68, 1999.

_____. A formação para o ensino de Matemática: perspectivas futuras. In: _____. (org.). *A formação para o ensino da Matemática na Educação Pré-escolar e no 1º ciclo do Ensino Básico*. Lisboa: Porto; Inafop, 2001. p. 9-20.

_____. OLIVEIRA, Isolina. O professor como investigador; leitura crítica de investigações em Educação Matemática. *Refletir e investigar sobre a prática profissional*. Organizado por GTI da APM. Lisboa: APM, 2002. p. 283-308.

_____. Novos professores: primeiros anos de profissão. *Quadrante – Revista de Investigação em Educação Matemática*, Lisboa: APM, v. 11, n. 2, p. 55-73, 2002.

SHULMAN, Lee. Those who understand: knowledge growth in teaching. *Educational Research*, n. 15 (2), p. 4-14, 1986.

_____. Knowledge and teaching: foundation of the new reform. *Harvard Educational Review*, n. 57 (1), p. 1-22, 1987.

_____. Renewing the pedagogy of teacher education: the impact of subject-specific conceptions of teaching. In: MESA, L. Montero; JEREMIAS, J. M. Vaz. *Las didácticas específicas en la formación del profesorado*. Santiago de Compostela; Tórculo, 1992.

SILVA, C. S. *Curso de Pedagogia no Brasil*: identidade e história. Campinas: Autores Associados, 1999.

SZTAJN, Paola. O que precisa saber um professor de Matemática. *Educação Matemática em revista*, São Paulo: SBEM, a. 9, n. 11-A, edição especial, p. 44-56, abr. 2002.

TANURI, Leonor M. História da formação de professores. 500 anos de Educação Escolar. *Revista Brasileira de Educação*, São Paulo: Anped, n. 14, maio-ago. 2000.

TARDIF, Maurice. Saberes profissionais dos professores e conhecimentos universitários: elementos para uma epistemologia da prática profissional dos professores e suas conseqüências em relação à formação para o magistério. *Revista Brasileira da Educação*, São Paulo: Anped, n. 13, jan.-abr. 2000.

_____. *Saberes docentes e formação profissional*. Petrópolis: Vozes, 2002.

THOMPSON, Alba. A relação entre concepções de Matemática e de ensino de Matemática de professores na prática pedagógica. *Zetetiké*, Campinas: Unicamp, v. 5, n. 8, p. 9-45, jul.-dez. 1997.

THORNDIKE, Edward Lee. *A nova metodologia da aritmética*. Porto Alegre: Globo, 1929. n. 584.

VELOSO, Eduardo. *Educação Matemática dos futuros professores*. Disponível em: <homepage.mac.com/eduardo.veloso/ novohome/textospdf/ mateduc.pdf >. Acesso em 15 out. 2003.

VÉRGNAUD, Gèrard. La théorie des champs conceptuals. Recherches en Didatique des Mathématiques, RDM, 10, Grenoble, p.133-69, 1990.

ZEICHNER, Kenneth. Para além da divisão entre professor-pesquisador e pesquisador acadêmico. In: FIORENTINI, D. *Cartografias do trabalho docente*. Campinas: Mercado das Letras, 1998. p. 207-36. Tradução autorizada pelo autor.

_____. Refletindo com Zeichner: um encontro marcado por preocupações políticas, teóricas e epistemológicas. In FIORENTINI, Dario. *Cartografias do trabalho docente*. Campinas: Mercado das Letras, 1998, p. 237-75.

Este livro foi composto com a tipologia Sabon, no Estúdio Entrelinha Design,
impresso pela gráfica Alaúde, entre dezembro de 2005 e janeiro de 2006.